茶艺与茶文化专业系列教材

茶文化

林文超　冉祥云　吉家文　主　编
赖　刚　孙　斌　周薇平　副主编
蔡　杰　索　扬　苏　颖

数字资源总码

旅游教育出版社
·北　京·

茶艺与茶文化专业系列教材

编委会

茶文化

编委会

主　编:

林文超　海南经贸职业技术学院

冉祥云　吉林省经济管理干部学院

吉家文　海南经贸职业技术学院

副主编:

赖　刚　中华茶道网

孙　斌　大唐贡茶研究院

周薇平　无锡工艺职业技术学院

蔡　杰　长春师范大学

索　扬　北京市外事学校

苏　颖　海南省经济技术学校

编　委:

魏志文　河南信阳茶叶办

黄　云　南通职业大学

翁文君　海南省旅游职业学校

黄佳溶　威海海洋职业学院

林　莉　海南省技师学院

陈世登　海南省茶叶学会

邓兰萍　海口海茶协职业培训学校

胡红瑞　河南财政金融学院

张志辉　海南雨林润红茶叶种植有限公司

王　兰　海南雨林润红茶叶种植有限公司

王伟欣　北京茶业企业商会名茶交流专业委员会

王程程　大连知竹茶香

茶者，南方嘉木也。江南烟雨浸润千年，茶香氤氲间沉淀着中华文明的精魄。在习近平总书记关于“三茶统筹”战略的引领下，在旅游强国与文化强国建设的时代召唤中，中国职业技术教育学会智慧文旅职业教育专业委员会、全国旅游职业教育教学指导委员会景区与休闲类专业委员会携旅游教育出版社、浙江旅游职业学院，广邀全国二十余所院校中的多位茶学专家学者与行业大师，如春茶吐蕊在全国率先出版“茶艺与茶文化专业系列教材”。这既是对传统茶道精神的现代诠释，也是对优秀传统茶文化的有效传承，更是旅游职业教育服务国家战略的生动实践。

茶艺与茶文化，作为“东方生活的美学范式”，承载着中华民族天人合一的哲学智慧，更是满足现代人民对美好生活需要的重要组成。新时代职业教育肩负着培养技术技能人才与文化传承者的双重使命，本系列教材以“一片叶子”为媒介，将茶树相关资源保护、非遗制茶工艺、现代文旅融合等要素熔铸其中，构建起贯通历史与未来、联结农业与文旅的知识体系与能力图谱。作为国家新版职教专业标准颁布后的首批配套教材，我们构建了“三维立体化”的编写体系：纵向贯穿“茶叶种植－精深加工－文化传播－旅游服务”产业链，横向融合农业类与旅游类院校的专业优势，深度嵌入中华茶文化与创新等教学资源库的数字化资源。特别是创新采用模块化、项目化、情境化等课程教学改革设计，每个教学单元不仅遵循案例或任务导入、工作过程或任务解析、技能训练与实践、学习效果检测与拓展等任务驱动的原则，而且包含标准教学视频、虚拟仿真实训或教学微课等新形态元素，从而使得诸如“西湖茶宴的意境营造”与“普洱茶渥堆发酵技术”等专业知识得以在数字空间完美呈现。这种“三维立体化”的教材编写模式，正是专业“五金”新基建理念的具象化表达。

本系列教材的编写团队秉持“三跨三融”原则——跨地域组建团队、跨领域整合资源、跨时空共享成果，融通标准、融汇技艺、融合文化，这已然成为本套教材的鲜明特色。例如，广西职业技术学院带来六堡茶制作技艺的国家级非遗传承经验，江苏农林职业学院贡献茶叶深加工领域的科研成果，新疆农业职业技术大学注入边疆茶文化传播的鲜活案例等。这种“东茶西引、南北互鉴”的协同机制，打破了传统教材编写的学科壁垒和区域隔阂。在本系列教材中，《茶文化》《茶席设计与茶会组织》《茶空间花艺》《茶树栽培与茶园管护》等将茶园的生态景观、文化主题、多元场景等转化为教学情境，《茶调饮制作》《茶叶审评》用创新时尚理念来引领茶学科严谨厚重的知识传达，凡此种种努力，无不彰显着协同创新的力量。本系列教材还特别设计“四阶递进式”教学模块：从茶叶、茶园认知的“识茶明理”，到加工实训的“制茶悟道”，从茶艺展演的“事茶修心”，到文旅融合的“传茶致远”。每个模块均坚持“岗课赛证”融通的思想理念，既对接评茶员、茶艺师等职业标准，又衔接全国职业技能大赛规程。更值得关注的是，教材创新设置《茶调饮制作》《茶空间花艺》《茶馆经营管理》等文旅生活领域的应用项目，让课堂真正成为文化传承与产业创新、文旅深度融合的耦合点。

本套教材既可作为中高本旅游类相关专业教学用书，也可作为茶艺与茶文化相关从业人员和社会人士借鉴与参考的读本。本套教材共有15本，在教材出版的同时，同步上线智慧职教等智慧教育平台，实现“纸质教材＋移动端资源＋虚拟仿真系统”的全场景覆盖。我们期待，当新疆学子通过AR技术复原宋代点茶技艺，当海南学生借助数字地图溯源茶马古道，这些浸润着江南茶韵却不止于江南的教材，能培育出新时代的“茶文化摆渡人”，让中国茶香飘向世界各地。

作为全国首套“茶艺与茶文化专业系列教材”，汲取了同行许多研究和实践成果，在此一并表示感谢。同时编写中也一定还有诸多不足和遗漏之处，恳请读者批评指正，我们将在今后再版过程中予以完善和修正。

杜兰晓　教授

中国职业技术教育学会智慧文旅职业教育专业委员会　执行主任

浙江旅游职业学院　校长

前言 FOREWORD

在浩瀚的中华文化长河中，茶文化如同一股清泉，潺潺流淌，滋养着华夏儿女的精神家园。它不仅仅是一种国粹传统文化的体现，更是中华民族智慧、礼仪、哲学与审美的集大成者。随着时代的发展，茶文化的传承与教育日益受到社会各界的关注，成为弘扬中华优秀传统文化、培养文化自信的重要途径。在此背景下，我们精心编纂了这本茶文化教材，旨在通过系统的学习与探索，引领读者走进茶的世界，感悟茶文化的博大精深，以期为茶文化的教学提供新的视角和路径。

一、教育政策理念领航

近年来，国家高度重视中华优秀传统文化的传承与发展，将其纳入国民教育体系，强调文化自信与创新。在这一政策理念的引领下，茶文化教学不再局限于知识的传授，更注重文化的体验和情感的共鸣。本教材积极响应国家号召，秉承“以文化人、以文育人”的教育理念，致力于通过茶文化的深度挖掘与广泛传播，培养学生的文化认同感、审美情趣和创新能力，让他们在学习茶文化、品味茶香的过程中感受中华文化的博大精深，提升文化自信，弘扬文化，激发学生爱国情怀。

二、学生学习认知循迹

学生的学习认知是一个由浅入深、由易到难的过程。本教材在编排上充分考虑了学生的这一认知规律，对茶文化的发展脉络进行梳理并提炼总结，沟通古今，联系现实，以项目和任务的体例进行编写，内容中更加注重文化知识的转化和运用，从茶文化的发展历程入手，逐步深入到茶的对外传播、茶礼茶俗、茶叶生产文化、茶馆文化、品茶赏器鉴水、茶与健康、茶旅融合等多个层面进行全面的解读。同时，通过知识拓展、互动讨论等多种形式，激发学生的学习兴趣，引导他们主动探索、积极思考，形成对茶文化的全面而深刻的理解。

三、理论实践紧密结合

本教材“以职业为导向，以实用为核心”。本教材在阐述茶文化理论知识的同时，注重知识的转化和运用的指导。为提升专业适应性和学科应用性，教材编写团队成员涵盖院校、茶企业及茶叶相关行业协会，以“岗课赛证”融合理念进行编写设计，将岗位需求、课程内容、技能竞赛和职业资格证书有机结合，形成四位一体的茶文化育人体系。教材内容图文并茂、文字流畅、配套数字化教学资源，更好的呈现茶文化的魅力，有助于学生对茶文化知识的深入理解，还能培养他们的综合素质和创新能力。

四、古今传承创新交融

茶文化源远流长，历经千年的积淀与传承，形成了独特的文化体系。本教材在尊重传统的基础上，注重古今融合，既保留了茶文化的精髓，又融入了现代元素和创新思维。通过对比古今茶文化的异同，引导学生思考传统文化的现代价值，激发他们的创新灵感，为茶文化的传承与发展注入新的活力。

本教材深度融合了行业标准与教学实践，凝聚了茶文化研究学者、职业教育专家、非遗传承人以及行业领军企业的集体智慧，兼具学术深度与实践价值，是多方协同创新的教育成果。

本教材由林文超、冉祥云、吉家文任主编，赖刚、孙斌、周薇平、蔡杰、索扬、苏颖任副主编。感谢茶艺师韩燕梅、杜佳欣为教材提供茶艺表演的视频和照片，特别感谢海南省茶叶学会、海南雨林润红茶叶有限公司对教材编写给予的大力支持与协助，提供了必要的资源与技术保障，确保了教材的高质量呈现。本教材编写过程中借鉴参考了大量文献著作、相关教材和网络资源。在此，谨向所有为这本教材付出辛勤努力的相关作者与单位表示最崇高的敬意与诚挚的感谢。愿本教材成为茶文化传承创新的重要载体，为中华茶文化教育事业发展贡献力量。

中国茶文化源远流长，博大精深，需要我们在教学实践中不断探索，书中难免存在不足之处，诚望学界同仁与读者朋友不吝赐教，共促茶文化教育事业精进。

编　者

目录 CONTENTS

项目一

南方之嘉木——中国茶文化发展史

思维导图

项目一 南方之嘉木——中国茶文化发展史

- 任务一 茶文化概述
- 任务二 茶之起源
- 任务三 茶文化萌芽期——魏晋南北朝 文化酝酿
- 任务四 茶文化的兴起——盛世大唐 煮茶流行
- 任务五 茶文化的盛行——宋代雅事 点茶斗茶
- 任务六 茶文化的变革——罢团兴散 延续革新
- 任务七 茶文化的再发展——文化复兴 焕新活力

学习目标

知识目标

- 了解茶文化的定义和内涵
- 了解茶文化的溯源
- 掌握中国各时期茶文化的发展历程

能力目标

- 能总结不同时期茶饮方式的特点
- 能分析不同时期茶文化发展的特点

素养目标

- 塑造茶道精神，强化品德修养
- 培养对中国传统茶文化的重视和热爱

茶，是中华民族的举国之饮。它发乎神农氏，闻于鲁周公，兴于唐朝，盛在宋代，如今已成为风靡世界的三大无酒精饮料（茶、咖啡和可可）之一。追根溯源，世界各国最初所饮的茶叶、引种的茶种，以及饮茶方法、栽培技术、加工工艺、茶事礼俗等，都是直接或间接地由中国传播出去的。因此，中国被誉为“茶的祖国”，伴随着几千年的茶的发展史，中国也孕育了悠久、深厚的茶文化，成为中华民族灿烂文明的重要组成部分。

任务一　茶文化概述

一、茶文化的定义

茶，是凝结着劳作智慧的造物，更是沉淀着生活品位的符号。茶文化是以茶为载体，并通过这个载体来传播各种艺术。茶文化，是茶与文化的有机融合，这包含与体现了一定时期的物质文明和精神文明。

从广义上讲，茶文化分为茶的自然科学和茶的人文科学两方面，是指人类社会历史实践过程中所创造的与茶有关的物质财富和精神财富的总和。从狭义上讲，着重于茶的人文科学，主要指茶对精神和社会的功能。由于茶的自然科学已形成独立的体系，因而，现在常讲的茶文化偏重于人文科学。

茶文化是人们在饮茶过程中所产生的文化现象和社会现象。研究茶文化，既要充分认识茶，又要跳出茶的框架，确立文化的发生和发展的三个出发点：人与自然的关系、人与人之间的和谐关系及人的创造性思维。只有这样，才能感应“茶中有深味，壶中天地长”，使茶与人类的美好向往与崇高的追求相联系、相契合，并把握住中华茶文化与其他国家茶文化的区别。

二、茶文化的内涵

中国茶文化，融合了儒、道、佛各家优秀思想，负载着儒、道、佛三教文化的内涵。茶文化既融合了儒家“中庸和谐” 的思想观念，也融合了道家 “天人合一”的思想观念，还融合了佛家“普度众生”的思想观念。

（一）融合儒家思想观念

儒家学说的核心思想是 “仁”，提倡的是“中庸”之道，以“和”为贵。儒家思想对中国人利用茶进行茶事活动产生了深刻的影响， 特别是在茶礼、 茶俗、茶德的功能方面，影响更为深远。在茶礼方面，有贡茶、赠茶、赐茶、敬茶、奉茶等；在茶俗方面，有用茶祭天祀祖、 茶作丧葬等。至于在精神领域、思想道德方面，儒家学说更是与茶相融，并引领茶文化的发展。如儒家主张以茶利礼仁、以茶表敬意、以茶雅志、以茶培养廉洁之风，并用于明伦理、倡教化等。

（二）融合道家思想观念

道家 “天人合一”的思想，使人们感悟到：人必须顺应自然，符合大道， 才能获得身心的解放。道家又认为，人生在世界上是件快乐的事情，主张 “乐生”“重生”。为此， 首先要从身体的锻炼静修开始，帮助去除人的各种烦恼，而茶则是使人清净的媒介和助力。历史上著名的茶人都有一套精湛的烹茶技艺，烹茶的过程就是将自己的身心与茶的精神相沟通的过程。历代茶人还特别发现茶与水的特殊关系，认为 “道” 的性格像水，能够以柔克刚，而茶吸取了天地精华，茶的性格得到水的帮助才能得到最好的发挥。中国古代茶艺中把金、木、水、火、土“五行”相生相克的原理都贯彻进去，让人置身于一种天地人和谐的气氛之中。

图 1.1 道家茶文化

（三）融合佛家思想观念

佛家以“普度众生”的精神为宗旨，主张最大限度地用茶的雨露浇开人们心中的块垒，使人明心见性，不要浑浑噩噩地生活。茶使人清清醒醒地看世界，也清清醒醒地看自己。中国禅宗认为佛在人心，主张顿悟，只要认真修行，佛随时向你开启门户。修行的关键是坐禅，这一点与道家是相通的，都主张通过身体的修炼达到精神的升华。

图 1.2　禅茶一味

▸ 拓展阅读

神农发现茶的传说

任务二　茶之起源

一、传说与记事

在原始社会，人们最大的需求是吃饱穿暖能够生存下来。在寻找食物的过程中，人们发现，有些植物食用后会有腹痛等症状，而有些植物食用之后能够减轻或者消除病痛。于是人们将有毒、无毒和能够解毒的植物通过口口相传的方式记录下来。

茶的起源有神话，也有传说，但传说更令人信服。在上古时代没有文字的时候，茶已经被人们发现并利用了，多数传说是口传下来的。等到有文字之后才将口口相传的茶的传说记载下来。

我国第一部药学专著《神农本草》是最早记录茶为药用的书籍。《神农本草》中记载：“神农尝百草，一日遇七十二毒，得茶而解之。”这里的“茶”就是现在我们所说的“茶”。关于神农与茶的相遇有许多传说，但无论哪种传说都能证明，茶树是神农时期发现的。

依据《尔雅》《礼记》中关于茶的记载，3000 年前茶叶在我国就已经作为祭品以供丧事使用。由此可见，在周代以前我国已经开始茶叶生产了。

茶的作用随着时间流逝日益显现，从作食品到祭祀贡品在文献中都有所体现。《晏子春秋》中记载：“婴相齐景公时，食脱粟之饭，炙三弋五卵，茗菜而已。”这里的“茗菜”指的就是茶，是作为生煮羹饮的食品。到了西汉时期，在王褒《僮约》中关于茶的记载就提到：“脍鱼炮鳖，烹茶尽具，已而盖藏。”“牵犬贩鹅，武阳买茶。”由此可见，茶在此时的作用既是祭品又是菜食，还是饮品，是生活必需品。

茶在书籍中记载了许多别名，一是因为茶是在不同地区和不同时期发现的；二是因为各地自然条件不同，茶树品种繁多。

汉以前，《尔雅》中茶被称为槚、苦荼；《晏子春秋》中茶被称为茗菜；《桐君录》中茶被称为瓜芦；《神农食经》中茶被称为荼茗。

汉代，司马相如在《凡将篇》中称茶为荈诧；杨雄在《方言》中将茶称为蔎；许慎在《说文解字》中将茶称为荼、苦荼；华佗在《食论》中将茶称为苦荼；《吴志·韦曜传》中茶被称为荼荈。

魏晋时期，吴普在《本草》中称茶为苦菜、荼草；张揖在《广雅》中称茶为名茗、游冬、苦菜；郭璞在《尔雅注》中称茶为荼、荈；张载在《登成都白菟楼诗》中把茶称为芳荼；陶弘景在《名医别录》中称茶为荼茗、苦荼；陶潜《续搜神记》中称茶为荼饮。

南朝刘宋山谦之的《吴兴记》中称茶为御荈；刘义庆的《世说新语》中称茶为茗、荼。

唐朝温庭筠在《采茶录》中称茶为水厄；虞世南引晋裴渊在《南海记》中称茶为皋芦。

表 1–1 茶之别名

茶之别名	文献
荼	《诗经》：“采荼薪樗，食我农夫。”《神农本草》：“荼生益州，三月三日采。”《僮约》：“脍鱼炰鳖，烹荼尽具，已而盖藏。”“牵犬贩鹅，武阳买荼。”《诗经·邺风·谷风》：“谁谓荼苦，其甘如荠。”《神农食经》：“荼茗久服，令人有力悦志。”
槚	《尔雅》：“槚、苦荼。”
蔎	《方言》：“蜀西南人谓茶曰蔎。”

续表

茶之别名	文献
茗	《晏子春秋》："婴相齐景公时，食脱粟之饭，炙三弋五卵，茗菜而已。"《魏王花木志》："嫩叶谓之茗。"《尔雅注》："早取为茶，晚取为茗。"《本草衍义》："晋温娇上表，贡茶千斤，茗三百斤。是知秦人取蜀而后始知有茗饮之事。"
荈	《凡将篇》："芩草芍药桂漏芦，蜚廉雚菌荈诧。"《尔雅注》："或一曰荈，蜀人名之苦茶。"
诧	《尚书·顾命篇》："王三宿、三祭、三诧。"
水厄	《世说新语》："今日有水厄。"《洛阳伽蓝记》："卿不慕王侯八珍，好苍头水厄。"

二、茶树的发现和起源

用于制作茶叶的茶树在植物界中属被子植物门、双子叶植物纲、山茶目、山茶科，是一种常绿木本植物。植物学研究表明，山茶科植物起源距今约 7000 万年以前的白垩纪至新生代第三纪。茶树在漫长的自然生长和人工培育的过程中，演变出多种形态，如乔木型、小乔木型和灌木型。

世界上很多国家都有茶树的身影，如中国、印度、肯尼亚等。最早发现和利用茶的国家是中国，但这一观点在国际上曾有很多争议。

（一）中国起源说

绝大多数的国内外科学家经过研究认为，中国西南地区是世界茶树的原产地。日本学者志村桥和桥本实在 20 世纪 70—80 年代从细胞遗传学和形态学角度进行分析，证实茶树的原产地在中国云南省和四川省一带。英国植物学家贝尔登（S.Baildon）、布莱克（J.H.Blake）、布朗（E.A.Brown）、易培逊（A.lbbetson），日本学者加藤繁及我国著名茶学家庄晚芳都支持这一观点。

（二）印度起源说

19 世纪初，英国侵入印度，英军少校勃鲁士（R.Bruce）于 1823 年在印度阿萨姆省的沙迪耶（Sadiya）山区中发现类似野生大茶树，1824 年其兄勃鲁士（C.A.Bruce）在锡布萨格尔（Sibsagar）也发现了野生的大茶树。因此，许多国外学者认为"世界上仅有阿萨姆发现野生茶树"。但这一观点明显不符合生态事实。

（三）原产于中国和印度的二源说

1919 年，荷兰植物学家科恩司徒（Cohen Stuart）在印度尼西亚爪哇茶叶实验场提出，大叶种茶树原产于中国青藏高原东部包括四川和云南地区和越南、缅甸、泰国、印度阿萨姆等地区，而小叶种茶树原产于中国部和东南部。

（四）多源说

美国学者威廉·乌克斯（W.H.Wkers）在1935年发表的《茶叶全书》中提出，只要自然条件利于茶树生长的地方都是茶叶原产地。由于泰国北部、缅甸东部、越南、中国云南、印度阿萨姆等地的自然条件、气候、土壤都很适合于茶树的生长繁育，所以这些地区都是茶树的原产地。

（五）原产于印度、缅甸和中国交界的无名高地

英国人艾登（T.Eden）于1974年提出茶的原产地并不是某个单一国家，而是起源于伊洛瓦底江发源处的某个中心地带，或在这个中心地带更北的无名高地。其所讲的伊洛瓦底江发源处既指缅甸的江心坡，更北地带则是指中国的云南、西藏境内。

1993年4月在中国云南省普洱市举办的“中国古茶树遗产保护研讨会”上，国际学术界多名科学家根据生物进化和遗传变异理论，一致认为云南茶树细胞染色体具有最原始的特征，确定了中国是茶树的原产地这一说法。

▶ **拓展阅读**

“茶”的世界读音

任务三　茶文化萌芽期
——魏晋南北朝 文化酝酿

一、魏晋南北朝茶饮发展

茶文化的最初传播者，可追溯到魏晋南北朝时期，在许多关于茶的著述中，常有“茶自魏晋以来有之”这样的记载，这一时期社会动荡不安，饮茶之风借此盛行。

魏晋南北朝时，开始进入烹煮饮用阶段。当时，饮茶的风尚和方式，主要有以茶品尝、以茶伴果而饮、茶宴、茶粥四种类型。

这一时期煮茶和煮粥差不多，人们将采摘下来的野生茶叶煮食，连汤带茶一起

食用，将茶鲜叶、粟米以及调味佐料（葱、姜、食盐、橘皮等）一起，煮成浓厚的羹汤，称为“茗粥”。现在，我国边远地区的少数民族仍采用这种方式吃茶。那个时代，并没有像现在一样的专门茶具，通常是在鼎、釜中煮茶，用食碗饮茶。

二、魏晋南北朝茶文化发展

魏晋南北朝时期是我国茶文化兴起并逐步发展成型的阶段，虽然在这个时期没有形成一套完整的饮茶文化，但是饮茶之风已经被平民大众所接受，社会各个阶层普遍喜好饮茶。魏晋南北朝时期饮茶之风的发展，是我国茶文化形成发展中的重要一环，成为隋唐时期茶文化成熟的前奏。

在魏晋南北朝时期，茶文化开始逐渐从药用领域扩展到日常生活之中。这一时期的文人雅士们开始将茶文化与诗词歌赋相结合，创作出大量与茶相关的文学作品。同时，茶也逐渐成为社交礼仪中的一部分，人们通过赠茶、献茶等方式表达敬意和友谊。这些变化标志着茶文化开始从简单的物质消费向精神文化层面转化。魏晋南北朝时期的茶文化具有以下几个特点。

（一）茶叶种植和采摘技术的进一步发展

魏晋南北朝饮茶之风的盛行，以及饮茶功效及其多种多样用法，促进了茶叶的广泛使用、传播、种植。魏晋南北朝时，南方已普遍种植茶树。自魏晋时代开始，产茶地不再只限于四川盆地，在气候上长江流域及南方广大地区也适宜茶树生长，茶叶产地不断扩大，经历了一个由四川盆地向东向南，呈辐射状传播到整个南方地区的过程。茶叶产地的扩大表明了茶叶需求量的扩大，在茶叶产地扩大的同时，茶叶生产也由采摘野茶向人工种植转变。茶叶变成人工种植之后产量就会大幅提升。茶叶的种植和采摘技术得到了进一步的发展，为茶文化的普及奠定了基础。

（二）茶文化与艺术结合

茶文化开始与诗词歌赋等艺术形式相结合，形成了独特的文学风格。

（三）茶文化与儒学结合

这一时期茶文化的兴起还与儒学思想相关，茶成了节俭的生活作风象征。通过与儒家思想建立联系，而进入了人的精神生活领域，并开启了“以茶养廉”的茶文化传统。陆纳的以茶待客，齐武帝的以茶祭祀，桓温的以茶下饭，在表示生活节俭的同时，也具有洁身自好的意味。这一品茶风格，极大地促进了茶文化的发展，使饮茶具有了象征意义。茶与儒学之节俭结合，丰富了茶文化的内涵，奠定了我国茶文化的精神基调，也是今天我们所倡导的优良传统。

（四）茶饮成为社交的重要部分

在这一时期茶风逐渐形成，茶成为社交礼仪中的一部分，人们通过茶会等方式交流思想、增进友谊。而以茶待客的风气，最早可以追溯到这一时期。在东晋时期，茶饮已经成为三吴地区和建康（今江苏南京）一带常见的待客之物。

（五）茶叶成为进贡佳品

魏晋南北朝时期的茶叶除了本身的功效外，还成了贡品，大量的茶叶进贡朝廷供皇室使用和赏赐大臣。茶叶成为贡品就提高了它的身价，在饮品中的地位就脱颖而出，皇室喜欢饮茶对全国饮茶之风的盛行起了带动作用，无论士人还是平民争相效仿，饮茶之风逐渐形成。

任务四　茶文化的兴起
——盛世大唐 煮茶流行

一、唐代茶饮发展

唐代盛行煮茶法，故有茶圣陆羽编著《茶经》有“五之煮”篇，进一步使唐代传统煮茶技艺，流行至大唐全境乃至海外。上至大唐皇帝、下至庶民百姓，都好煮饮之法。唐玄宗李隆基开元年间，饮茶之风颇盛，茶道大行，所谓“王公朝士无不饮者”。大唐京城长安呈现出“比屋之饮”的盛况，陆羽为之著《茶经》，皎然为之书“茶道”，更有卢仝为之著《七碗茶歌》，等等，大唐无数文人墨客无不称赞。日本和韩国的茶叶之始，便是从大唐带回茶种子种植而来的，从而导致日韩饮茶文化初始也是采用煮茶饮茶法。例如，日本著名留学僧空海法师书信中言“乍阅震旦之书，茶汤坐来”。[1] 新罗本纪言“王至大廉召对于麟德殿，宴赐有茶。茶种子来，王让种植地理山，为韩国茶始培地碑”。

唐代煮茶法，所烹煮的茶是蒸青饼茶，或者蒸焙茶饼，是不同于当今六大茶类的散茶、末茶，或者紧压茶，是人类历史上最古老的且有文字记载的茶。它是将新鲜的茶芽，经过蒸青工艺杀青，用石臼木杵捣碎成茶碎，用“规”拍制成圆形的茶饼，放在“焙”上用火慢慢烘焙，烘至半干时在中间穿孔，继续烘焙直到全干，最后穿成串后封装保存，待日后慢慢饮用。

[1] 李斌城，韩金科．中华茶史·唐代卷[M]．西安：陕西师范大学出版社，2013.

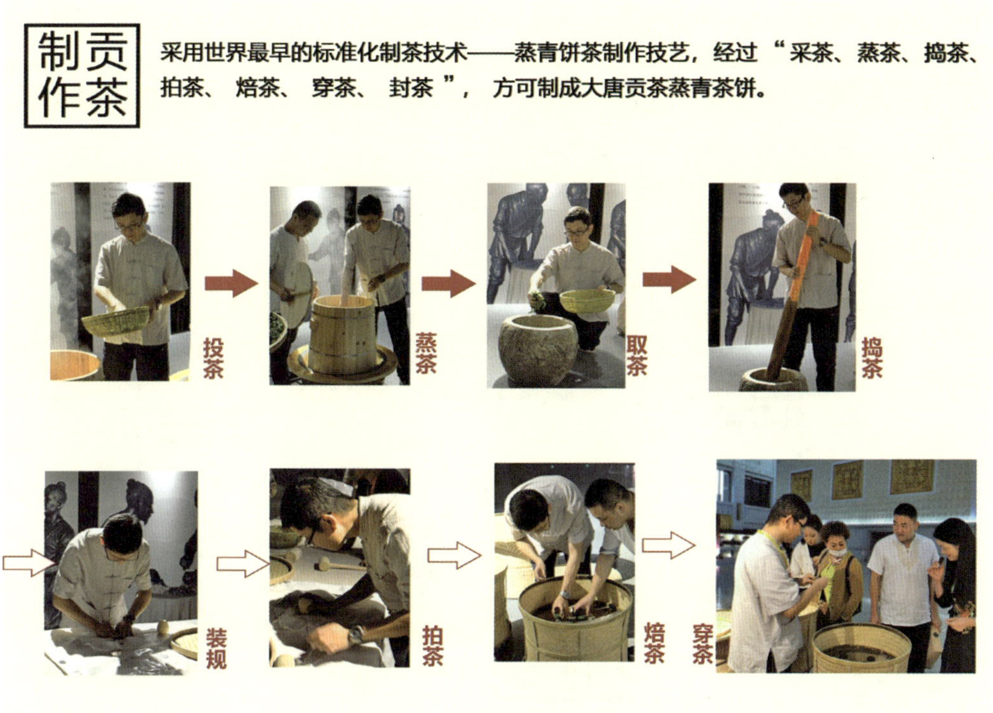

图 1.3　大唐贡茶制作过程

唐代煮茶法的流程是：备茶、炙茶、碾茶、筛茶（罗茶）、煮水（候汤）、煎茶（投茶）、酌茶、吃茶。

《因话录 · 商部》云：陆羽“始创煎茶法”。其法见于《茶经 · 五之煮》，其程序如下。

（1）炙茶：即烤炙饼茶，不能用烈火猛烤，要求炙热均匀，内外烤透。

（2）碾茶：烤好的饼茶以纸囊贮之，然后用碾茶器将其碾成细小的颗粒状。

（3）筛茶（罗茶）：碾好的茶叶用罗筛之，盛于合中。茶粒不能细如粉末，应是小颗粒状。

（4）煮水（候汤）：包括择水和看火两方面：水要宜茶的真水，“用山水上，江水中，井水下”；火要活火，以炭为上，次用劲薪。火候的掌握以“三沸”判之：“其沸，如鱼目，微有声，为一沸；缘边如涌泉连珠，为二沸；腾波鼓浪，为三沸。已上，水老，不可食也”。

（5）煎茶（投茶）：投茶是煎茶时的关键工序，要求在“一沸”（鱼目）时投之椒盐；二沸（连珠）时舀出一瓢沸水，然后用则量茶投茶末入水，同时用竹夹搅动，让茶末随沸水旋围，沉入水中，谓之“击拂”；三沸（鼓浪）后将舀出的开水兑入；以稍凉的开水止沸，以合适温度煎茶，勿使太过，过则会熬出茶的苦涩味来，掌握得当便会煎出茶的精华。陆羽称这一技巧为“育华”。

（6）酌茶：三沸后便可酌茶了。将汤面黑云母状的水膜舀去，然后舀第一瓢茶汤，其味隽永，暂不酌之。火还未退茶汤还会四沸、五沸……

（7）吃茶：酌茶后，“趁热连饮之。以重浊凝其下，精英浮其上。”

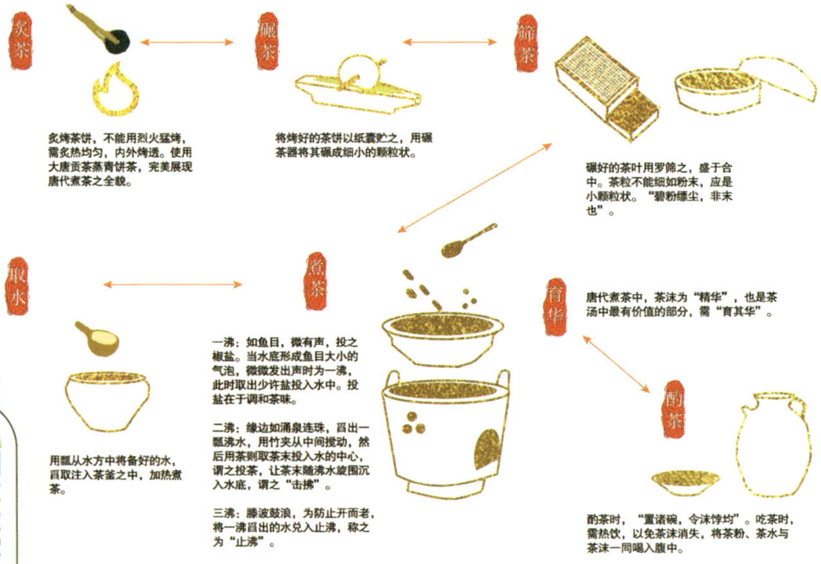

大唐迎宾茶

图 1.4 唐代传统煮茶法

二、唐代茶文化发展

（一）茶道问世

茶道，起源于中国，兴盛于唐代。唐代皎然有《饮茶歌诮崔石使君》诗云：“一饮涤昏寐，情思朗爽满天地。再饮清我神，忽如飞雨洒轻尘。三饮便得道，何须苦心破烦恼……孰知茶道全尔真，唯有丹丘得如此。”（《全唐诗》卷 821），是人类历史上首次提出“茶道”一词，自此“茶道”问世，并影响后世千百万年，无论此后世界各国也都纷纷提出茶道，但都没有唐代皎然所提出的时间早，皎然是茶道开天辟地的第一人，所以才有“茶道”始出于中国这一不可辩驳的事实。

（二）茶人辈出

唐代茶叶产业的蓬勃发展，导致专业从事茶的人才频出，最著名的便是茶圣陆羽（733—804 年）。陆羽，字鸿渐，是湖北竟陵人（湖北天门市），自幼生长在寺院，好儒学。成人后，游历名山圣水，品遍各地名茶。移居湖州后，编著人类历史上第一部茶学专著《茶经》，系统地总结了唐代及以前茶叶生产、饮用的经验，将茶事升华为一种艺术与文化。陆羽一生致力于茶的研究，遍访各地茶园，品鉴各种茶叶，对茶的种植、采摘、制作、烹煮等环节都有深入的了解和独到的见解。他主张茶之品质应以自然、纯净为本，强调了水、火、器在煮茶过程中的重要性。《茶经》的问世，为当代研究唐代茶文化提供了宝贵的文献。在陆羽的倡导下，常州阳羡茶和湖州紫笋茶被制成大唐贡茶进贡至大唐长安大明宫，用于举办唐皇家茶宴，其中以清明茶宴最为隆重与盛大，成为历史上规模最为宏大的饮茶活动。

图 1.5　湖州市吴兴区妙西镇陆羽文化公园

卢仝（795—835 年）是唐代茶人中的杰出代表。卢仝所写的《走笔谢孟谏议寄新茶》一诗，生动地描绘了饮茶的美妙感受，其中《七碗茶歌》更是脍炙人口：“一碗喉吻润，二碗破孤闷。三碗搜枯肠，惟有文字五千卷。四碗发轻汗，平生不平事，尽向毛孔散。五碗肌骨清，六碗通仙灵。七碗吃不得也，唯觉两腋习习清风生。”卢仝以其独特的笔触，将饮茶的身心体验描绘得淋漓尽致，让人们对茶的魅力有了更深刻的认识。

白居易这位唐代的大诗人也是一位爱茶之人。他的众多诗作中都有对茶的描绘，如“琴里知闻唯渌水，茶中故旧是蒙山”“食罢一觉睡，起来两瓯茶”等。白居易以茶为友，以茶抒情，将茶融入了自己的生活和诗歌创作之中，有《山泉煎茶有怀》一诗：“坐酌泠泠水，看煎瑟瑟尘。无由持一碗，寄与爱茶人。”文人雅士饮茶赠茶，写下大量茶诗以寄托思想感情和对人生真谛的体验。

（三）茶经问世

唐代陆羽所著的《茶经》是中国茶文化发展史上的重要里程碑。《茶经》系统全面深入阐述了茶的起源、种植、制作、饮用等方面，还蕴含着丰富的文化内涵和哲学思想，对后世茶文化的发展产生了深远的影响。

《茶经》的内容概述共分十篇。第一篇“之源”：详细论述了茶的起源、名称、性状以及历史演变，为后人了解茶的发展脉络提供了重要依据。第二篇“之具”：介绍了采茶、制茶所需的各种工具，包括规格、材质和用途，展现了当时茶叶生产的工艺水平。第三篇“之造”：讲述了茶叶的采摘时节、制作工序和品质鉴别方法，强调了制作过程中对环境和技艺的要求。第四篇“之器”：列举了煮茶、饮茶所用的器具，对其形制和功能进行了说明，反映了当时的饮茶风尚和审美标准。第五篇“之煮”：规定了煮茶的程序、水的选择、火候的掌握以及茶汤的品鉴，体现了对饮茶仪式和品质的追求。第六篇“之饮”：描述了饮茶的方式、习俗和注意事项，强调了饮茶的精神内涵和文化意义。第七篇“之事”：汇集与茶相关的历史典故、名人轶事和文化传说，丰富了茶的文化底蕴。第八篇“之出”：介绍了唐代各地茶叶的产地和品质特点，为茶叶的贸易和品鉴提供了参考。第九篇“之略”：简述了在特定环境或条件下，可以简化的制茶、煮茶和饮茶的程序和器具。第十篇“之图”：主张将茶事活动以图画的形式记录下来，以便传承和推广。

《茶经》奠定了中国茶文化的基础，系统总结了唐代以前的茶事经验，形成了完整的茶文化体系，成为后世茶文化发展的基石；推动了茶叶生产的发展提供了科学的种植和制作方法，促进了茶叶产量的提高和品质的提升；促进茶文化的传播使茶从食品饮用升华为一种文化形式与象征，传播到世界各地，对全球茶文化的形成产生了积极影响。

《茶经》是中国古代茶文化的集大成之作，具有极高的历史价值、文化内涵和学术意义。它不仅为我们了解唐代的茶事活动提供了珍贵的资料，也为当今茶文化的传承和创新提供了重要的启示。我们应当深入研究和挖掘《茶经》的精髓，使其在新时代焕发出新的活力，为推动中国茶文化的繁荣发展做出更大的贡献。

（四）茶艺初成

唐代流行煮饮法，通过烹煮方式煮出茶汤供人饮用，通常用茶碗饮用，用茶釜烹煮，也被误读为煎茶法。其实真正意义上的煎饮法出现在明末时间，流行于日本各地，而陆羽《茶经》第五篇“之煮”详细描述了煮茶的操作流程和要领，成为后世能够恢复唐代煮茶技艺的重要依据，使唐代煮茶技艺能够流传至今。大唐茶文化自中唐以后，发生了显著的变化。制茶、煮茶已非一般操作技艺，成为一门文化技能。茶文化成为一门实实在在的学问。

以饮茶文化论，中唐是大唐茶艺和茶道的形成阶段，实现了茶由药用、食用向饮用过渡，由粗放式煮饮向真正的茶艺过渡，由物质层面的茶艺向精神层面的茶道过渡。

（五）茶饼量产

大唐茶风广为流行，上至帝王将相，下至黎民百姓，无不饮茶，所有“有茶之为饮，始于国朝”。茶叶消耗量也十分巨大，以初唐时期贡茶进贡规模来看，初唐时期纳贡有十道四十四州府，到了晚唐时期纳贡有十一道一百四十四州府，来自全国各地上贡的茶饼高达数十万串之多。为了满足大量的茶饼生产，各地纷纷组建官办茶厂或民间茶厂，络绎不绝地向长安进贡各种各样的茶饼，大唐茶风出现“比屋之饮”的盛况。

（六）茶器荟萃

唐代流行煮茶之法，所用器具与当今泡茶器具不同，陆羽茶经《四之器》列出茶器 24 种之多，按照功能划分为八种：火器、煮器、茶器、水器、盐器、饮器、洁器、盛器；其核心器具为：茶釜，用来煮茶汤的器具；茶罗，用来罗筛茶末的器具；茶碾，用来碾碎茶饼的器具；茶则，用来量取茶末的器具；茶碗，用来饮茶用的器具；等等。其材质有石、陶、瓷铁、铜，甚至有金银制成的。法门寺地宫出土的唐僖宗用过的鎏金银茶碾子、茶罗子，证实了唐代皇家是使用金银器煮茶饮茶的。台湾自然科学博物馆收藏的唐代石质茶器具组，是迄今为止最完整的唐代石质茶器具组。

（七）茶税始征

安史之乱后，唐朝廷国库空虚，军需匮乏，财政上显得捉襟见肘，税茶便作为茶政中一项重要的新内容开始出现。唐德宗于建中年间开征茶税，《唐会要》卷八十四《杂税》记载：“建中元年（780 年）九月，户部侍郎赵赞请置常平轻重本钱，从之。赞于是条陈诸道津要都会之所，皆置吏，阅商人财货，计钱每贯税二十文，天下所出竹木茶漆，皆什一税之，充常平本钱。时军用稍广，常赋不足，所税亦随尽，竟莫得充本储积焉。”《旧唐书》卷四十九《食货志》称：“建中四年(783 年)，度支侍郎赵赞议常平事，竹木茶漆尽税之。茶之有税，肇于此矣。”当茶成为一种有丰厚的利润又可大规模生产和销售的新的生产行业时，茶业作为国家经济的支柱产业的地位便已确立，并将为朝廷开辟滚滚财源。

（八）贡茶盛行

大唐贡茶，始于高祖武德三年（620 年），完善于中唐。大唐贡茶实行双轨制：其一是民贡，由各州郡选择茶叶生长好、土质气候优、交通也便利的茶区，定点定期向朝廷进贡大唐贡茶；其二是官焙，即官府设立贡茶院，即类似今日国营茶厂。朝贡制度，确保了宫廷用茶在数量上、时间上、质量上的需求。唐代贡茶制度严格，要求定点、定时、定额纳贡，包装考究，进贡仪规也容不得半点马虎。这正是显示臣民忠心和帝王威仪的时刻。历史记载最早的大唐贡茶院始于大历五年（770年）。设在湖州长兴和常州义兴二县之间的顾渚山上。唐代朝廷首创的大唐贡茶制度一直延续近千年之久。

图 1.6 大唐贡茶蒸青茶饼

（九）茶文化远传

唐代繁荣的茶文化，也对周边国家和地区产生了积极的影响。宏伟壮丽的首都长安是当时世界文明的中心，来自亚洲诸国的留学生和学问僧集聚长安。尤其是日本派遣了一批又一批的遣唐使携留学生、学问僧前往长安。日本僧人空海随遣唐使来到大唐长安，在青龙寺学法期间了解唐代煮茶道，回国时带走石质茶碾子。日本僧人最澄来到大唐交流，回国前在天台山学习唐代煮茶道，并在佛陇寺担任茶头，还接触到天台山当地茶树种植，并带茶籽回日本。《日吉社神道秘密记》载："日吉茶园之碑为传教大师最澄所立，其周围有茶树簇拥，其茶籽是最澄传教大师从唐土带来，归国后播此地。"最澄种茶籽于日枝神社旁，所以近江阪本的日吉茶园就成为日本最早的茶园。

韩国（朝鲜）也不例外。韩国史书《三国史记·新罗本记·兴德王三年》记载："冬十二月，遣使入唐朝贡，文宗召对于麟德殿，宴赐有差，入唐回使大廉持茶种子来，王使命植于地理山，茶自善德王有之，至于此盛焉。"至今韩国的智异山茶始培地碑，每年还会举办各类茶文化纪念的活动。

随着丝绸之路的贸易往来日趋频繁，中亚诸国也对唐代茶文化产生了浓厚的兴趣与热爱，我国新疆地区和哈萨克斯坦等国的唐代时期墓葬中，出土了各种茶器具，是唐代茶文化远传中亚的实证。

唐代是中国茶文化的开创、奠基、形成时期。唐朝是中国历史上一个散发出阵阵茶香的皇朝，是我国历史上最特殊的朝代，而唐文化，也是中国历代文化中最有特色的文化。彼时，其国力之强盛，经济之繁荣，思想之兼容，文化之融合，为文化发展营造了一个极其有利的外部环境，海纳百川的国家风貌也造就了当时中国人的广博心胸和开拓进取的精神。唐代茶文化是对古代茶文化思想的继承和发展的基础上的一种创新，它具有高度的完整性、系统性和可操作性。它创造了完整的茶艺形式，使单纯的饮茶活动一变而为精神的活动。它是物质与精神的完美结合。它对后世产生了深刻影响，直至今天。唐代茶文化具有极大的开放性和驱动性。诚如盛唐文化一样，唐代茶文化具有广泛的包容性，不同思想，不同文化的优秀成分都融合在茶文化之中。这种强烈的兼容性，使唐代茶文化具有强大的生命力。正是因为有了这种开放性，在不同时期、不同情况下，它都获得新的活力和生机。唐代茶文化具有很强的国际性和辐射性。茶树、饮茶虽然是中国的特产，但茶文化的产生和最后形成体系，则完全是中国本土儒道文化与外来佛教文化结合的产物。当它形成后，又与中国文化一起传遍世界。

▸ 拓展阅读

大唐贡茶文化

任务五　茶文化的盛行
——宋代雅事　点茶斗茶

宋代是中国茶文化的鼎盛时期，其茶道精神、茶禅一味、斗茶之风、茶具与茶室、茶诗与茶画、茶馆与茶摊、茶礼与茶俗等方面，构成了独具特色的茶文化体系，对后世茶文化的发展产生了深远的影响。

一、宋代茶饮发展

宋代，茶不仅成为人们日常生活中不可或缺的物品，深入到民间生活的各个方面。开封、临安两都茶肆、茶坊林立，客来敬茶的礼俗也已广为流传。

（一）点茶的发展

宋代饮茶方法在唐代基础上又迈进了一步，发展了合于时代的、高雅的点茶法。点茶法比唐代煎茶法更讲究。与煎茶相比，宋人更喜爱典雅精致的点茶艺术，皇帝贵族、文人、僧侣、百姓无不点茶。南宋时期，点茶经僧人传至日本，后改造而成日本茶道，抹茶即源于宋代的点茶。

宋代团茶饼的制作十分精巧，芽叶散茶成为新宠，根据蔡襄《茶录》和赵佶《大观茶论》，点茶的具体程序为：炙茶—碾茶—罗茶—候汤—温盏—点茶—调膏。

图 1.7 点茶的程序

点茶前，要用沸水冲洗杯盏，预热饮具，再将适量的茶粉放入茶盏中点泡沸水，将茶粉调和成清状，然后再添加沸水，边添边用茶匙击拂。点泡后，茶汤的颜色呈乳白色，表面泛起的“汤花”能较长时间凝住杯盏内壁不动，这样才算点泡出一杯好茶。七汤点茶法，顾名思义就是七次入汤打茶。

（二）斗茶

我国斗茶始于唐而盛于宋，在贡茶的茶乡，新茶制成后，茶农们为了评比品质进行比赛，后来演变成评比斗茶者点汤、击拂技艺的高低。

斗茶决定胜负的因素有二：一是汤色，二是汤花，最后综合评定茶汤。

宋代斗茶之风风靡，不仅帝王将相、达官显贵，连市井平民百姓也喜斗茶。

（三）茶百戏

茶百戏又称为“分茶”“水丹青”，是一种源自宋代的茶艺表演。它的历史可追溯到北宋时期，当时的文人墨客喜欢在品茶之余，在茶汤上作画，以增添品茶乐趣。茶百戏独特之处在于其将茶文化、美学和生活情趣完美地结合在一起，体现了宋代文人的雅致与情趣。

图 1.8　茶百戏作品图（章志峰作）

二、宋代茶文化发展

（一）茶文化的普及

宋代茶文化普及到社会的各个阶层，从皇室贵族到普通百姓，茶成为日常生活中不可或缺的一部分。据《东京梦华录》记载，北宋时期的开封城内，茶坊茶肆林立，成为市民社交、娱乐的重要场所。茶坊中的“茶博士”个个精通茶艺，提供专业的茶水服务，同时茶坊还兼营说书、听曲等娱乐活动，成为文化交流的平台。

宋代的茶文化不仅在城市中盛行，也广泛影响了乡村地区。茶叶成为重要的经济作物，茶税成为国家财政收入的重要来源之一。茶叶的种植、制作、销售形成了完整的产业链，促进了地方经济的发展。同时，茶文化也影响了宋代的礼仪制度，如婚礼中的茶礼、祭祀活动中的茶供等，茶成为表达敬意和情感的载体。

（二）茶文化的创新

宋代茶文化在继承唐代茶文化的基础上，进行了一系列的创新和发展，形成了独特的宋代茶文化特色。

1. 点茶法的流行

宋代的点茶法是一种独特的饮茶方式，将茶末与水交融，通过击拂形成丰富的泡沫，这种饮茶方式在当时非常流行，成为文人雅士交流的重要活动。

2. 茶具的创新

宋代的茶具制作达到了极高的艺术水平，如建盏、青白瓷等，这些茶具不仅实用，而且具有很高的审美价值，成为茶文化的重要组成部分。

图 1.9 宋代点茶茶具

3. 茶书的编纂

宋代出现了大量的茶学著作，如宋徽宗的《大观茶论》、蔡襄的《茶录》等，这些著作系统地总结了茶的种植、制作、品饮等方面的知识，对后世的茶文化发展产生了深远影响。

4. 茶艺的发展

宋代的茶艺活动非常丰富，除了日常的饮茶，还有斗茶、分茶等游戏活动，这些活动不仅体现了茶的品鉴艺术，也反映了宋代社会的审美趣味和文化追求。

5. 茶与文艺的结合

宋代的文人墨客喜欢在饮茶时吟诗作画，茶与文艺的结合使得茶文化更加丰富多彩，如苏轼、黄庭坚等文人的茶诗、茶画，成为流传千古的艺术珍品。

宋代茶文化的这些创新和发展，不仅丰富了中国茶文化的内涵，也对后世的茶文化产生了深远的影响。

▶ 拓展阅读

宋代点茶“十二先生”

任务六 茶文化的变革——罢团兴散 延续革新

一、明清茶饮发展

（一）明清时期茶类发展

1391 年，明太祖朱元璋下诏：“洪武二十四年九月，上以重劳民力，罢造团茶，惟采茶芽以进。”正式以国家法令形式罢团兴散。自此，饮茶方式改为冲泡法或称瀹（yuè）茶法，同时引发制茶形态、茶政、茶具及茶产业的变革。

团饼茶的制作工艺在宋代“盛造其极”，虽然这段时期茶叶加工技术有了极大提升，但对工艺的追求也是对茶农的一种压迫。农民出身的明太祖朱元璋深刻理解底层人民的辛苦以及团饼茶制作的不易，因此下诏“罢造龙团，惟采茶芽以进”，改贡茶的团饼形制为叶茶即散茶。罢团兴散使制茶形制不再局限于团饼茶的束缚，从而减轻了底层人民的负担，促进了社会生产的恢复，同时推动了散茶的发展，为茶类创新发展奠定了基础。

1. 绿茶

茶类的创新从绿茶杀青方式开始。唐宋时期，团饼茶多以蒸青绿茶为主，但其实在唐代已经出现炒青工艺。刘禹锡的《西山兰若试茶歌》：“自傍芳丛摘鹰嘴，斯须炒成满室香”中就提到了炒青工艺。

绿茶炒青加工工艺是在明代进一步完善定型。明代茶书如罗廪《茶解》、闻龙《茶笺》、张源《茶录》、许次纾《茶疏》等都详细描述了炒青绿茶的制作工艺。明代炒青绿茶工艺盛行，炒青逐步取代了蒸青制茶方法，由闻龙《茶笺》中记载：“诸名茶法多用炒，惟罗岕蒸焙”可以看出，当时绝大多数名茶不用蒸青而改用炒青方式加工制作。

2. 黄茶

黄茶制作工艺据史料推测是在1570年前后形成。黄茶制法与绿茶相近，增加了闷黄工序，创兴于明。顾庆元《茶录》中记载：“黄茶制法，亦同于炒青茶，源起于浙江，其制法近似于绿茶，惟是闷堆渥黄。”

3. 白茶

在宋徽宗赵佶的《大观茶论》中被提到的“白茶”其实并不是现代意义上的白茶，而指的是茶树品种，类似安吉白茶，因叶色白而命名“白茶”。现代白茶制作工艺与明代田艺蘅1554年所著《煮泉小品》：“茶者以火作者为次，生晒者为上，亦近自然，且断烟火气耳”中提到的茶叶制作工艺类似。

4. 青茶（乌龙茶）

关于青茶起源的时间推论，有说在北宋，也有说在清咸丰年间。清代王草堂《茶说》中记载了福建武夷茶农加工青茶的情况，而小壶品乌龙更是成为清代极流行的饮茶方式。

5. 黑茶

关于黑茶的历史可追溯到1400多年前唐代的“渠江薄片”，唐宋以后实行“以茶易马，以茶治边”，直至清雍正十三年（1735年），约有千年历史。最初黑茶就是在运输过程的船舱中、马背上形成的。

6. 红茶

红茶创制于1650年（明末清初）前后，是在绿茶、黑茶和白茶的基础上创制而成。正山小种便是红茶鼻祖。红茶最初因其颜色乌黑被称为“乌茶”，同白茶一样作为外销茶畅销海外。红茶深受英国上流社会的喜爱。

明朝制茶技术的革新为茶业发展做出突出贡献，在制茶方法上由蒸青改为炒青，同时精进炒青技术，为茶类多样化提供条件。明清时期出现黄茶、白茶、青茶、黑茶、红茶和花茶茶类，形成了我国六大茶类的基本格局。

表1-2 六大茶类创制时间

茶类	创制时间
绿茶	公元8世纪时发明蒸青绿茶
黄茶	公元7世纪前后
黑茶	公元1068—1077年
红茶	公元15—16世纪
白茶	初见于明中期，后于清代发展
青茶	公元1796年前后

（二）明末清初饮茶及茶具发展

茶具在明清时期与唐宋有很大区别，部分原因是饮茶方式改变。明清改团饼茶为散茶，由唐宋时期煮茶法、点茶法更改为冲泡法。冲泡法促使茶具变革，茶壶、盖碗之类的茶具更适合散茶冲泡。

明代初期，由于茶饮变为茶芽，茶汤的颜色也从白色转变为黄白色，因此宋代流行的黑色茶盏不再符合明代赏茶需求。明代张源《茶录》记载：“茶瓯以白磁为上，蓝者次之。”从中可以看出，白色的茶具更受欢迎。明代中期后，品茶重点转移到茶汤上，因此茶具多选择小壶，特别是紫砂壶。历经时间验证，人们发现运用紫砂壶泡茶传热慢又保温好，茶味醇厚悠长。

清代人们在冲泡茶时选用的茶具延续了明代的规范，甚至更为简单地使用盖碗饮茶，在家中接待宾客或是在茶肆品茶也常用盖碗。

明清时期冲泡茶法使用的茶具主要有：茶壶，以白瓷和紫砂为上；盖碗，又称三才杯，盖、托、碗对应天、地、人；品茶杯。明清时期陶瓷茶具品种繁多，其中当属宜兴紫砂茶具、景德镇瓷质茶具最受人追捧。

二、明清茶文化发展

（一）明代茶文化

明太祖朱元璋主张与民生息，恢复社会生产，此时期城市化发展迅速，茶馆盛行。但燕王扫北后，社会动荡，北部内侵，倭寇骚然，农民起义，朝廷以程朱理学为统治思想，对文人实行高压政策，甚至出现了不少文字狱。因此，明代文人将茶与琴棋书画结合起来以茶雅志，大量与茶相关的文学作品出现。据粗略统计，我国自唐至清，茶著共有 98 部，其中明清时期占 66 部。

明太祖朱元璋第十七子朱权所著的《茶谱》前承唐宋传统，后启明清茶风，包含绪论及十六则，涵括品茶、品水、茶器等内容。对当时的茶文化发展起到了至关重要的作用。

此书作用表现在以下几个方面。

第一，开创了瀹茶法，开千古茗饮之宗，茶道追求“天趣悉备”的自然美，重视茶的自然和茶本身的香与味。

第二，创“探虚玄而参造化”之意境。提出“清心神而出尘表”的品茗意境，达到幽趣无穷、超然物外的品茗境界和以茶明志的品茗目的。

第三，改进了茶具和茶艺。紫砂壶的创制提升了小壶冲泡趣味，而在茶艺方面首创三投法。

（二）清代茶文化发展

清代皇族对茶文化的推崇推动着中国茶文化趋向鼎盛。清代宫廷中的茶文化不但涉及皇家的修身养性、怡情雅志，还赋予了安邦治国、君臣教化之道。无论是饮食起居，还是朝堂邦交，茶文化都扮演着宣扬中华文明的角色。茶礼、茶事在皇家内廷各种场合中占有重要地位，清宫中茶礼是诸多礼仪制度中的一项重要内容，主要适用于万寿礼、大燕之礼、大婚之礼、命将之礼、册封之礼等。同样，清宫中举办的各种筵宴活动中都有赏赐、赐茶的环节，以示祥和安泰、上下同庆。同时，这一时期六大茶类逐渐形成，茶叶出口也成为一种正式行业。

清代茶文化还深入到民间，出现了很多颇具地方特色的茶俗，例如茶叶的生产习俗、以茶待客、节日饮茶、婚恋用茶、祭祀供茶、茶馆文化等，内容丰富多彩。民间艺人还以茶为题材，创作出大量悦耳动听的茶歌、别开生面的茶舞、幽默风趣的茶戏和曲折动人的茶故事。

清代茶文化在品种丰富性、制作工艺、社会影响等方面都达到了一个新的高度，不仅在宫廷中占据重要地位，也在民间广泛传播和发展。

▶ **拓展阅读**

明清茶诗

任务七　茶文化的再发展
——文化复兴　焕新活力

一、近现代茶饮发展

纵观近现代茶饮发展过程，可将其分为四个阶段。

（一）兴盛时期

1846—1886 年，中国茶饮兴盛时期。这段时期中国茶园面积不断扩大，茶叶产量增多，对外贸易也十分频繁。

（二）衰落时期

1886—1947 年，中国茶饮衰落时期。由于政治、经济原因，中国茶业发展受阻，对外贸易逐渐衰落，华茶在国际上遭受抵制，使得中国茶叶在国际市场的竞争中失败。中国茶饮逐步走向衰落。

（三）恢复时期

1950—1988 年是中国茶饮恢复时期。

政府为复苏中国茶饮，开展一系列保护措施，包括设立茶叶监督机构、实行茶叶标准化管理等；颁布一系列政策，包括“以产定销，以销定产，产销结合”，“扩大外销，发展边销，照顾内销”等。中国茶业市场逐步恢复繁荣。

随着现代茶叶科学的发展，中国茶业进入了一个新的阶段，茶叶的种植和制作工艺也有了新发展。现代化的机器化制茶技术提升茶叶制作的效率，中国茶进入国际贸易市场并受到欢迎，同时，西方饮料咖啡以及立顿茶等也进入了国内茶叶市场。

1. 恢复茶叶生产

新中国成立后，政府十分重视茶叶生产，各省重点茶区为发展茶叶生产都采取了有效措施。如“把仪（征）、镇（江）、六（合）山区建设成为一个以茶叶为主要经济作物的基地”。

1949 年至 1952 年恢复荒芜茶园生产，在此期间，全国恢复茶园 120 多万亩。后经过不懈努力，复垦茶园总面积约占全国茶园 30%。1953 年开始扩建新茶园。随着茶园面积不断扩大，国营茶厂也不断增多。

2. 相关技术全面革新

新中国成立后，茶园管理趋近科学化，从施肥、耕作和防治病虫害等方面合理布局，科学管理新辟茶园。从采摘鲜叶进行技术革新，采取“及时采，分批采，留叶采，采大留小”，改革鲜叶加工技术等。茶业机具研制改革，茶叶生产逐步实现半机械化、机械化，极大提升茶叶生产效率。

茶农和技术人员不断研究出适合茶树生长的环境和土壤条件，通过科学种植提升茶叶产量，改善茶叶口感和营养成分，提升中国茶在国际上的竞争力。

（四）复兴时期

1988 年至今，是茶饮复兴时期。茶已经成为世界三大无酒精饮料之一，我国茶叶产量逐年增多，现已成为世界上最大的茶叶种植国和生产国，也是世界上的茶叶出口大国。

2019 年 11 月 27 日，第 74 届联合国大会宣布，每年 5 月 21 日为“国际茶日”，以赞美茶叶对经济、社会和文化的价值。这是以中国为主的产茶国家首次成功推动设立的农业领域国际性节日。

2022 年 11 月 29 日，中国申报的“中国传统制茶技艺及其相关习俗”被列入联合国教科文组织《人类非物质文化遗产代表作名录》。

二、近现代茶文化发展

（一）中国茶文化研究社团和机构的建立

1982 年在台北茶艺协会和高雄市茶艺协会的基础上成立“中华茶艺协会”，并创办《中华茶艺》杂志。在杭州成立了第一个以弘扬茶文化为宗旨的社会团体“茶人之家”。

1983 年在湖北成立“陆羽茶文化研究会”，1990 年在北京成立“中国茶人联谊会”，1993 年在湖州成立“中国国际茶文化研究会”。

1991 年中国茶叶博物馆在杭州西湖正式开放，1998 年中国国际和平茶文化交流馆建成。

1998 年茶艺师被列入劳动和社会保障部颁布的《国家职业分类大典》。2001 年，劳动和社会保障部又颁布了《国家职业标准 · 茶艺师》。

（二）茶文化研究论著的出版

20 世纪 80 年代以来，陆续创办了一系列茶文化杂志，如 1983 年创办的《茶人之家》（后于 1993 年改名为《茶博览》），为茶文化的研究成果提供了发表平台。

几十年来，以《农业考古 · 中国茶文化专号》为代表的杂志上发表了数千篇茶相关论文，出版近千部著作。

中国制茶学学科的奠基人陈椽教授著有《制茶全书》《茶业通史》等，为国家培养了大批茶学科技人才，在开发我国名茶生产方面获得了显著成就，为茶叶分类提供重要依据。

现代茶叶事业复兴和发展的奠基人吴觉农教授所著《茶经述评》是当今研究陆羽《茶经》的权威著作。

姚国坤、王存礼、程启坤编著的《中国茶文化》从六个方面全面论述中国茶文化。

朱世英等编著的《中国茶文化辞典》是第一部关于中国茶文化的辞典。

（三）各种茶文化活动的开展

1989 年 9 月，在北京举办了首届“茶与中国文化展示周”。1990 年在杭州举办了“茶文化节”后，各地兴起举办茶文化节的活动。近些年来，茶活动形式多样丰富，有茶会、斗茶会、无我茶会、点茶会等。以茶为主题开展的各类文化活动促进了茶文化的发展。

（四）现代新型茶馆的兴起

随着茶文化复兴的还有与茶相关的新型茶馆经济的兴起。富有现代气息的茶馆、茶吧甚至奶茶店在全国乃至世界各地纷纷开办，其所创造的经济价值日益剧增。新中式茶饮“古茶新做”，以现代方式呈现新消费场景，通过新颖的形式融入年轻人的消费观念。多样性与丰富的健康茶体验吸引着消费者，同时也传播了茶文化。

▸ 拓展阅读

十位近现代中国茶人

本章小结

中国茶文化是一部跨越数千年的辉煌历史长卷，始于神农时代。茶，最初作为药用植物被发现，西周时期成为王室贡品，战国年代民间已饮用，东汉时期随着茶叶专著的问世，茶文化开始初具雏形。进入唐代，中国茶文化迎来了第一个鼎盛时期，茶圣陆羽的《茶经》不仅系统总结了茶的种植、采摘、制作与品鉴知识，更将茶艺提升为一种高雅的艺术形式，茶文化因此深入社会各阶层。宋代，茶艺与茶道蔚然成风，文人墨客以茶会友，品茶论道，推动了茶文化的全面发展，同时，茶叶贸易的繁荣也促进了中外文化的交流。明清两代，茶艺技艺达到巅峰，茶具制作精美绝伦，名茶层出不穷，进一步丰富了茶文化的内涵。时至今日，中国茶文化在现代社会中焕发新生，不仅承载着人们对健康生活的追求，更成为连接古今、沟通中外的重要文化纽带，展现了中华民族深厚的文化底蕴与独特的生活智慧。

实训任务

实践题目：弘扬中国茶文化

实践目的：通过学习中国茶文化的发展史，讨论当代大学生传承我国优秀茶文化的意义。

实践方法：查阅有关茶文化的书籍和资料，观看关于茶的纪录片，以小组为单位进行讨论、交流和分享。

思考与练习

一、选择题

1. 广义茶文化的含义是（　　）。

A. 茶叶物质与经济价值的总和　B. 茶叶的物质与精神财富的总和

C. 茶道与茶艺的总和　D. 茶叶的生产销售

2. 茶艺是（　　）的基础。

A. 茶文化　B. 茶俗　C. 茶礼　D. 茶道

3. 中国第一个发现茶与利用茶的是（　　）。

A. 陆羽　B. 神农氏　C. 白居易　D. 卢仝

二、判断题

1. 茶起源于中国。（　　）

2.《茶经》的作者是陆羽。（　　）

3. 唐代是中国茶文化的开创、奠基、形成时期。（　　）

三、思考题

1. 简述宋代茶饮发展的特点。

____

____

2. 近现代中国茶饮发展有哪些阶段？

____

____

参考答案

项目二

茗冠五洲茶飘香
——茶文化对外传播与茶叶出口贸易

思维导图

项目二　茗冠五洲茶飘香——茶文化对外传播与茶叶出口贸易

- 任务一　西南传播与茶马古道
- 任务二　东路传播与日韩交流
- 任务三　西路传播与丝绸之路
- 任务四　北路传播与万里茶道
- 任务五　海陆传播与世界化进程
- 任务六　当代世界茶叶贸易的格局与变迁

学习目标

知识目标

- 了解中国各时期茶文化传播发展的特点
- 熟知中国茶文化对外传播的历史、文化、路径等
- 了解当代世界茶叶贸易的格局与变迁过程

能力目标

- 能够了解中国茶文化国际传播的重要的意义和广泛的影响力
- 能够了解当代中国茶叶贸易的发展趋势

素养目标

- 深刻理解传承中华茶文化，推广茶叶知识和技艺的意义和价值
- 树立中华文化的自信心和自豪感

在中国，茶叶的饮用是古老且受欢迎的独特文化，其在历史长河中的发展和传承有着丰富的文化内涵，是中国传统文化的重要组成部分。随着时间的推移，全国乃至全世界的茶叶贸易格局不断变化，本章着重探讨茶文化的传播路径以及当代世界茶叶贸易的格局与变迁，旨在帮助大家深入了解茶文化在全球范围内的传播与影响。

任务一　西南传播与茶马古道

一、茶文化的西南传播

据史料记载，中国茶叶最早向海外传播，可追溯到南北朝时期。当时中国商人在与蒙古毗邻的边境，通过以茶易物的方式，向土耳其输出茶叶。隋唐时期，中国茶叶以茶马交易的方式，经回纥民族政权区域及西域等地向西亚、北亚和中东地区输送，中途辗转西伯利亚，最终抵达俄国及欧洲各国。从唐代开始，历代统治者都积极采取控制茶马交易的手段。唐肃宗至德元年（756 年）至乾元元年（758 年），唐与回纥间驱马市茶，开创了茶马交易的先河。北宋时代，茶马交易主要在陕甘地区，易马的茶叶就地取于川蜀，并在成都、秦州（今甘肃天水）各置榷茶和买马司。元代时，官府废止了宋代实行的茶马治边政策。到了明代，又恢复了茶马政策。至清代，茶马治边政策有所松动，私茶商人较多，在茶马交易中则费茶多而获马少。清朝雍

正十三年（1735 年），官营茶马交易制度终止。

茶马交易治边制度从隋唐始，至清代止，历经岁月沧桑近千年。在茶马市场交易的漫长岁月里，中国商人在西北、西南边陲，用自己的双脚，踏出了一条崎岖绵延的茶马古道。

我国茶叶产于南方，四川则是我国也是世界上种茶、饮茶的发源地之一。秦汉以前，只有四川一带饮茶和有茶的商品生产，到唐代形成了盛产茶叶的局面。从唐代开始，四川绵州、蜀州、邛州等地的茶叶流入西藏地区，开始了藏族人民饮茶的历史，并出现了茶叶输往西藏的道路。

自唐代茶叶传入藏区以后，茶叶所具有助消化、解油腻的健康功能，使肉食乳饮的畜牧人民皆饮茶成风。西北各族人民纷纷在沿边卖马以购买茶叶，而宋朝为了获得战马，便决定在西北开展茶马贸易，出卖茶叶，购买战马，从而使青藏道由唐代的军事政治要道成为茶道。从明朝开始，川藏茶道正式形成。

二、茶马古道的形成

茶马古道是指存在于中国西南和西北地区，以马帮为主要交通工具的民间国际商贸通道，是中国西南民族经济文化交流的走廊。茶马古道是一个非常特殊的地域称谓，是一条世界上自然风光壮美、文化悠久丰富的旅游精品线路，它蕴藏着开发不尽的文化遗产。

（一）起源

茶马古道的形成可以追溯到汉代，最初是作为物产交换的路线而存在的。当时，蜀地商人通过这条路线与周边部落进行物产交换，茶叶作为蜀地的特产之一，也在交换之列，这条路线被称为“牦牛道”，是茶马古道的雏形。

（二）形成与发展

茶马古道的正式形成与发展与唐代的文化交流密切相关。唐代中期以后，随着文成公主和金城公主下嫁吐蕃，中原与吐蕃之间的政治、经济、文化交流加深，饮茶习俗传入吐蕃,逐渐形成社会风气,茶马贸易开始兴起。宋代时期,茶马互市制度正式确立,茶叶生产的发展为茶马互市提供了物质基础，四川茶叶成为入藏茶叶的主要来源。

（三）鼎盛时期

明清时期，茶马古道达到鼎盛。明代政府重视茶叶在安定藏区、促进国家统一中的作用，制定了关于藏区用茶的一系列法规和制度。清代，四川在治藏中的作用提高，川藏“茶马贸易”进一步推动了茶马古道的发展。清康熙四十一年（1702 年），在打箭炉（康定）设立茶关，大渡河上建泸定桥，开辟直达打箭炉的“瓦斯沟路”，打箭炉成为川茶输藏的集散地和川藏大道的交通枢纽。

图 2.1　茶马古道古城图

三、茶马古道的组成部分

茶马古道是一个由主干线路、分支与支线、驿站与市集、桥梁与渡口以及自然景观与人文遗迹等多个部分共同组成的复杂而庞大的系统。它不仅是中国古代贸易和文化交流的重要通道，也是中华民族历史和文化遗产的重要组成，主要由以下几个关键组成部分构成：

（一）主干线路

茶马古道的核心部分，主要由川藏道、滇藏道及青藏道（或甘青道）三条主要干线交织而成。这些干线如同古代的商业动脉，连接了中国西南的四川、云南、青海、西藏等地区，成为茶叶、马匹及其他商品流通的主要通道。

1. 川藏线

路径：分南北两段

川藏南线（官道）：雅安 — 康定 — 雅江 — 理塘 — 巴塘 — 左贡 — 昌都 — 拉萨。

川藏北线（商道）：康定 — 乾宁 — 道孚 — 炉霍 — 甘孜 — 德格 — 昌都 — 拉萨。

历史：明代成为入藏驿道与茶叶贸易的核心通道，清代形成“以马运茶”模式。

2. 滇藏线

起点：云南普洱茶区（西双版纳、普洱）。

路径：经大理、丽江、香格里拉、德钦进入西藏，最终抵达拉萨。

历史：唐代因吐蕃与南诏间的贸易而形成，清代滇茶崛起后成为民间马帮运输的重要线路。

3. 青藏线（唐蕃古道）

起点：陕西长安（今西安）。

路径：经甘肃、青海进入西藏，终点为拉萨，全长约 3000 公里。

历史：唐代文成公主和亲后成为汉藏交流的重要通道，宋代为茶马互市的主要路线。

（二）分支与支线

在主线路的基础上，茶马古道还延伸出众多分支和支线，它们深入各个山区、草原和村落，使得商品和文化的交流更加广泛和深入。这些支线不仅促进了地方经济的繁荣，也加深了不同地区人民之间的联系。

1. 陕甘道

以陕西为中心，连接甘肃、青海，是早期茶马互市的重要通道，尤其在宋代发挥了主要的茶马贸易功能。

2. 川黔线

从四川泸州、叙永等地进入贵州，连接赤水、仁怀等地，是川黔间的重要商道。

3. 黔滇线

贵州境内分北线、中线、南线，如关索岭古道等，是西南地区内部物资流通的纽带。

4. 甘青道

以青海西宁为中心，经玉树、昌都至拉萨，连接西北与西藏，部分路段与青藏线重合。

5. 其他支线

如川藏道北部支线（通往青海玉树）、昌都至藏北的支线，以及新疆喀什至西藏阿里的丝绸之路延伸线等。

（三）驿站与市集

沿途设立的驿站和市集是茶马古道不可或缺的一部分。它们不仅是旅人歇脚、补给的重要场所，也是商品交易和文化交流的中心。在这些地方，来自不同地域的人们汇聚一堂，促进了信息的传递和文化的交融。

（四）桥梁与渡口

茶马古道穿越了众多河流和峡谷，因此桥梁和渡口成为连接两岸、保障交通畅通的关键设施。这些桥梁和渡口不仅展示了古代人民的智慧和勇气，也成为茶马古道上不可或缺的风景线。

（五）自然景观与人文遗迹

茶马古道沿途的自然风光和人文遗迹也是其重要组成部分。从高山峡谷到草原湖泊，从古老的村落到宏伟的庙宇，这些自然景观和人文遗迹共同构成茶马古道独特的魅力和价值。

四、茶马古道的价值和意义

（一）茶马古道是一条经济生活纽带

西南地区的茶马古道促进了西藏与祖国内地群众不可分离的亲密关系。通过这条古道，不仅使藏区人民获得了生活中不可或缺的茶和其他内地出产的物品，弥补了藏区所缺，满足了藏区人民所需；而且让藏区打开了门户，将藏区的各种土特产交易到内地，形成了内地与边区持久的互补互利经济关系。茶马古道上的许多交易市场和驮队、商旅的集散地、食宿点，在长期的商贸活动中，逐渐形成为居民辐辏的市镇，促进了藏区社会的经济发展。

图 2.2　茶马古道途中景观

茶马古道介绍

（二）推动了各民族的文化交流

茶马贸易的兴起使大量商旅、贡使往返内地与边区，在长期的交往中，各族人民增进了对彼此不同文化的了解和亲和感，形成了兼容并尊、相互融合的新文化格局。

图 2.3 茶马古道上的千年回响

（三）茶马古道是中外交流的重要桥梁与纽带

西南茶马古道的开通，也在陆上丝绸之路和海上丝绸之路中间，架起了一座彼此联通的桥梁。从地理上看，这种陆海之利，既是古代陆上丝绸之路和海上丝绸之路兴起发展的地理基础，也是当代中国提出“一带一路”倡议、打造国际交流合作共同体的前提条件。陆上丝绸之路和海上丝绸之路在很长一段时间里都是古代中国和外国之间的主要通道，而西南茶马古道则促进了两个道路体系之间的有效沟通，使当时的中外交流连线成面，形成交叉联系的有机整体。

任务二　东路传播与日韩交流

一、茶文化的东路传播

茶文化源起于中国，历经千年传承与嬗变，逐渐形成辐射东亚文明圈的茶文化体系。在东亚文化圈内，日本与韩国作为中国茶道东传的主要载体，其茶文化发展轨迹呈现出鲜明的中华文化基因与本土化创新特征。

朝鲜半岛的茶文化肇始于新罗统一时期（668—935 年）。据史料记载，至迟在新罗统一三国时期，中国唐代煎茶法已传入半岛。贞元年间新罗使臣大廉携回茶种植于智异山，标志着茶文化在朝鲜半岛的系统化传播。此时的茶事活动沿袭唐代饼茶煎饮规制：将团茶碾末过罗，置茶釜煎煮后以茶杓分酌，这种雅致的饮茶方式迅速在王室贵族、僧团及文人群体中风行。值得注意的是，新罗茶礼并非简单移植，而是与本土花郎道精神相融合，形成了“茶禅一味”的修行理念。

至高丽王朝（918—1392 年），韩国茶文化完成本土化转型。在佛教被奉为国教的历史背景下，禅宗茶礼与华严宗仪轨深度结合，发展出独具特色的“八正禅茶礼”。该茶礼体系以《华严经》八正道为哲学根基，将茶事流程升华为宗教仪典，同时兼容儒家“茶以载道”的伦理观与道家“天人合一”的自然观。此时茶事已突破宗教界限，成为涵盖国家祭祀、文人雅集、民间婚俗的全方位文化载体。高丽青瓷茶器的创新发展，更使茶文化获得物质载体支撑，形成“器以载道”的完整文化系统。与之形成对照的是日本茶道的演进轨迹。虽然《奥仪抄》记载圣武天皇天平元年（729年）即有宫廷茶事，但系统性的茶道体系直至平安时代（794—1185年）方随遣唐使传入。值得关注的是，日韩两国虽同受中国茶文化滋养，却因本土文化基质差异形成不同的发展路径：韩国茶礼强调宗教仪轨的完整性，而日本茶道更侧重侘寂美学的营造。这种文化分野在12世纪后随着禅宗传播愈发显著，最终使东亚茶文化呈现出“同源异流”的多元格局。

二、东路传播中对日本的影响

茶文化对日本的影响是全方位、多层次的。它不仅丰富了日本的饮食文化、艺术文化、礼仪文化等各个方面，还塑造了日本民族独特的精神气质和审美观念。茶文化在日本的传承和发展，是中日文化交流的一个生动例证，也展示了文化交流与融合的强大生命力。

（一）对日本礼仪文化的影响

日本茶道强调的是一种严格的礼仪规范和精神内涵。在茶道仪式中，主人和客人都需要遵循一系列的动作、语言和姿态的规范，以表达对彼此的尊重和敬意。这种注重礼仪的传统不仅体现在茶道中，还渗透到日本人的日常生活和社交活动中，使日本社会形成了一种注重礼仪、尊重他人的文化氛围。

日本茶道所追求的“和、敬、清、寂”的精神境界，成为日本民族精神的重要组成部分。“和”强调和谐、融洽，不仅是人与人之间的和谐相处，也是人与自然的和谐共生；“敬”体现了对他人的尊敬和敬畏之心；“清”代表内心的纯净和清正；“寂”则寓意着在寂静中感悟人生的真谛。这种精神境界不仅在茶道中得到体现，还影响了日本人的人生观和价值观，促使他们在生活中追求内心的平静与和谐。例如，南宋时期日僧荣西两次来到浙江天台山、天童寺参禅，回国时不仅将茶器、茶籽及饮茶方法传入日本，还在晚年撰写了《吃茶养生记》一书，对日本茶道的发展产生了深远影响。他被日本人奉为茶祖。日本的茶具在材质、造型和工艺等方面，也受到了中国茶具的影响。例如，日本的抹茶道中使用的茶碗、茶筅等茶具，与中国宋代的茶具有着相似之处。

（二）对日本建筑方面的影响

在古代，为了举行茶道仪式，日本专门建造了茶室。茶室的设计简洁、朴素，注重与自然的融合，营造出一种宁静、清幽的氛围。这种建筑风格体现了日本对自然美的崇尚和对简约生活的追求，同时也反映了茶文化对日本建筑文化的深刻影响。

（三）对日本文学创作的影响

茶文化还对日本的文学创作产生了积极的推动作用。许多日本文学家以茶为主题，创作了大量的诗歌、散文和小说。这些作品不仅描绘了茶文化的美妙，还通过茶来表达对人生、爱情、自然等主题的思考和感悟。

总的来说，在当今全球化的时代背景下，日本的茶文化依然保持着其独特的魅力，并不断吸引着世界各地的人们去了解和体验。同时，日本也在不断创新和发展茶文化，使其适应现代社会的需求和审美，为世界茶文化的繁荣做出了重要贡献。

三、东路传播中对韩国的影响

中国茶文化的东路传播对韩国有着深刻的影响。韩国，作为东亚文化圈的重要一员，与中国在历史、文化等方面有着深厚的渊源。茶文化作为中国传统文化的瑰宝，在传入韩国后，对其产生了广泛而深远的影响。

（一）为韩国带来了新的饮品选择

在古代，韩国的饮品相对较为单一，茶的出现丰富了人们的味觉体验。茶叶的清香、醇厚，以及不同种类茶的独特风味，如绿茶的清新、红茶的浓郁，逐渐融入了韩国人的日常生活。无论是在清晨醒来，还是在工作间隙，或是在与朋友相聚时，一杯茶都能带来身心的放松和愉悦。

（二）影响了韩国的社交礼仪

在韩国的社交礼仪中，茶在其中扮演了重要的角色。以茶待客成为一种传统的社交方式，主人精心准备茶具和茶叶，以优雅的姿态为客人泡茶、奉茶，客人则以恭敬的态度接受并表达感谢。在这个过程中，双方通过茶的传递，增进了彼此的感情，加强了交流和沟通。茶礼不仅体现了主人的热情好客，也展示了客人的尊重和修养。这种以茶为媒介的社交礼仪，成为韩国社会中和谐人际关系的重要纽带。茶文化所蕴含的和谐、宁静、淡泊的价值观深深影响了韩国人的性格和心态。在快节奏的现代生活中，人们可以通过品茶来放慢脚步，回归内心的平静，远离喧嚣和浮躁。茶文化教导人们在平凡的生活中发现美好，珍惜当下，培养了韩国人坚韧、内敛、谦逊的品质。此外，学校将茶文化纳入教育课程，让学生了解茶文化的历史、礼仪和精神内涵。通过学习和实践，学生们不仅掌握了一门传统文化技艺，还培养了审美能力、动手能力和团队合作精神。这种教育方式有助于传承和弘扬茶文化，使年轻一代更好地理解和认同本国的传统文化。

（三）滋养了韩国的文学艺术

许多文人墨客以茶为主题创作诗词、散文、绘画等作品。他们用优美的文字描绘茶的韵味、茶会的场景，或是借茶抒发内心的情感和思考。在绘画中，茶器、茶园、茶事等元素常常成为艺术家们表现的对象，展现出茶文化的宁静与优雅。这些文学艺术作品不仅传承了茶文化，也丰富了韩国的文化宝库，为后人留下了宝贵的精神财富。

（四）推动了韩国的宗教之间的相互融合

茶文化与韩国的佛教、儒教等传统宗教相互融合。寺庙中的僧侣们常以茶作为修行的辅助，在品茶的过程中思考人生的真谛，追求心灵的平静。儒家思想强调的礼仪、道德在茶礼中也得到了体现，茶文化成为传播和弘扬这些宗教和思想的重要载体。韩国的传统节日和庆典中也常常能看到茶文化的身影。在重要的节日和宗教祭祀中，人们会举行茶礼仪式，向祖先和神灵敬献茶水，表达敬意和感恩之情。茶成为连接过去、现在和未来的纽带，传承着家族的记忆和民族的精神。

（五）促进了韩国的经济发展

茶文化的传入促进了韩国茶叶产业的发展。韩国开始种植茶叶，并逐渐形成了一些著名的茶叶产地和品牌。茶叶的生产、加工、销售等环节带动了相关产业的繁荣，为韩国的经济增长做出了贡献。同时，与茶相关的茶具制造、茶馆经营等行业也应运而生，创造了更多的就业机会和经济效益。

（六）丰富了韩国的建筑风格

在建筑方面，为了满足人们品茶的需求，韩国出现了许多具有特色的茶馆。这些茶馆的建筑风格融合了传统与现代元素，营造出舒适、优雅的环境。有的茶馆位于山间溪边，与自然景观相得益彰；有的则位于城市中心，为人们提供了一个宁静的休憩之所。茶馆的建筑设计不仅体现了对茶文化的尊重，也成为韩国建筑文化的一道亮丽风景线。

总之，茶文化对韩国的影响是多方面、深层次的。它渗透到韩国人的饮食、社交、文学艺术、宗教、经济、精神生活、教育以及建筑等各个领域，成为韩国传统文化中不可或缺的一部分。茶文化的传承和发展见证了中韩两国之间悠久的文化交流历史，也为韩国的文化繁荣和社会发展注入了源源不断的活力。在未来，随着全球化的加速和文化交流的不断深入，茶文化在韩国必将继续发挥其独特的魅力和作用，为人类文明的进步做出更大的贡献。

任务三 西路传播与丝绸之路

中国茶文化源远流长，其在西路的传播历程是一段充满魅力与传奇的篇章。丝绸之路，这条连接东西方文明的纽带，为茶文化的西传提供了重要的通道。丝绸之路，这条古老而神秘的贸易通道，不仅连接了东西方的商品交流，更是文化传播的重要桥梁。在众多的文化元素中，茶文化以其独特的魅力和深远的影响，在丝绸之路的历史长河中留下了浓墨重彩的一笔。丝绸之路起源于汉代，汉武帝时期张骞出使西域，开辟了通往西域的道路，促进了中原与西域各国的政治、经济和文化交流。随着时间的推移，丝绸之路不断发展和延伸，形成了多条分支路线，连接了亚洲、欧洲和非洲的众多国家和地区。

一、茶文化的西路传播

西路茶文化发展主要指中国茶叶通过陆地丝绸之路向西方传播的过程。根据记录，中国作为茶叶的发源地，在长期的经济文化的交互中，将茶叶通过丝绸之路逐渐传播到中亚、西亚和欧洲等地。丝绸之路是古代中国与中亚、西亚以及欧洲之间的重要贸易通道，茶叶作为其中的重要商品之一，发挥了重要的作用。茶叶的西行之路并非一帆风顺，它经历了漫长的时间和各种挑战。

丝绸之路，向西由我国的新疆传播至中亚。据传是在公元 6 世纪时，茶叶由回族人运销至中亚细亚。但并没有证据表明，古老的“丝绸之路”上有茶的痕迹。茶文化在丝绸之路的传播可以追溯到唐代。当时，中国与西域各国的贸易往来频繁，茶叶作为一种珍贵的商品开始传入西域。随着丝绸之路的拓展，茶叶逐渐传播到中亚、西亚和欧洲等地。茶叶通过商人的贸易活动在丝绸之路沿线传播。中国的商人将茶叶运往西域，与当地的商人进行交易。西域各国的商人再将茶叶转售到更远的地方，从而使茶文化得以传播。古代中国与周边国家和地区保持着密切的外交关系，通过使节的往来，茶叶作为礼品被赠予他国，从而促进了茶文化的传播。佛教、伊斯兰教等宗教在丝绸之路沿线广泛传播，僧侣和信徒在宗教活动中饮用茶叶，使茶文化与宗教文化相互融合，促进了茶文化的传播。起初，茶叶可能只是作为一种珍贵的物品在中国的少数地区流传。随着贸易的发展和文化的交流，越来越多的人开始了解、饮用、使用并喜爱茶叶。中唐以后，中原地区的饮茶习惯向吐蕃和回纥少数民族聚集的边疆地区传播，客观上为茶叶向中亚和西亚传播创造了条件。这一时期，居住在中亚和西亚的人们对茶叶有一定的了解。10 世纪时，蒙古商队来华从事贸易，将中国茶砖从中国经西伯利亚带至中亚以远。到元代，蒙古人远征，创建了横跨欧亚的大帝国，中国文明随之传入，茶叶开始在中亚饮用，并迅速在阿拉伯半岛和印度传播开来。明清之际，通过新疆的“丝绸之路”形成一条“茶之路”，由商队翻越帕米尔高原，源源不断地把中国茶叶输往各个国家。同时，西方的香料、珠宝、玻璃等物品也传入中国。丝绸之路的繁荣不仅促进了各国之间的经济发展，也为文化的交流与融合提供了广阔的平台。早在汉代，张骞出使西域，开辟了丝绸之路的雏形，虽然此时茶叶尚未成为主要的贸易商品，但为后来茶文化的传播奠定了基础。随着时间的推移，到了唐代，中国的茶叶生产达到了一个高峰，茶叶贸易逐渐兴盛。通过丝绸之路，茶叶开始向西域以及更遥远的西方地区传播。当时，唐朝与周边国家和地区的交流频繁，茶叶作为珍贵的商品和文化符号，受到了西域各国的关注和喜爱。

茶文化的西路传播并非仅仅是茶叶本身的流通，还包括了与之相关的茶具、饮茶方式和茶文化理念。在传播过程中，与不同地域的文化相互交融，形成了独特的发展脉络。在中亚地区，茶文化与当地的游牧文化相结合，产生了新的特色。由于中亚地区气候干燥，人们的饮食以肉类和奶制品为主，茶叶的出现为他们的饮食结构带来了新的平衡。当地人喜欢将茶叶煮得浓郁，并加入牛奶、盐和香料，这种独特的饮茶方式既满足了他们对口感的追求，也是为了适应当地的生活环境。同时，茶具也发生了变化，金属制的茶壶和大碗成为常见的茶具，其造型和装饰往往体现了中亚地区的艺术风格。

图 2.4　丝绸之路

二、西路传播的路径

茶文化的西路传播对沿途各国产生了深远的影响，不仅改变了人们的饮食结构和生活习惯，茶作为一种日常饮品，也为人们带来了健康和享受。茶文化促进了当地经济的发展。茶叶的种植、加工和贸易创造了大量的就业机会，带动了相关产业的繁荣。茶文化丰富了各国的文化内涵。茶文化与当地文化相互融合，衍生出了新的艺术形式、文学作品和社交礼仪。

（一）在西亚地区的传播

茶文化传播至西亚地区后，受到了热烈的欢迎。在伊斯兰教文化的影响下，茶馆成为人们社交和交流的重要场所。人们在这里一边品茶，一边讨论宗教、哲学和生活。与中亚地区相似，西亚人也会在茶中加入香料和糖来增添风味。而且，西亚地区的陶瓷工艺发达，精美的陶瓷茶具成为茶文化的一部分，其图案和色彩反映了当地的审美观念。随着茶文化的发展，茶馆在西亚地区非常普遍，成为人们社交和休闲的重要场所。

（二）在欧洲地区的传播

当茶文化传入欧洲，引起了巨大的轰动。最初，茶叶在欧洲是一种奢侈品，只有贵族和上层社会才能享用。随着贸易的发展和茶叶供应量的增加，茶叶逐渐普及到普通民众之中。英国人对茶的喜爱尤为突出，他们发展出了独特的下午茶文化。在下午时分，人们会停下手中的工作，享用精致的点心和香醇的茶。这种下午茶不仅是一种饮食方式，更是一种社交活动，成为英国社会生活的重要组成部分，形成了独特的下午茶文化。在欧洲，茶叶的种类和饮用方式也不断丰富和创新，如红茶、花果茶等的出现。

（三）在中亚地区的传播

在中亚地区，茶文化与当地的游牧文化相结合，形成了独特的饮茶方式。人们喜欢饮用浓茶，通常会在茶中加入牛奶、盐和黄油等，以增加茶的营养和口感。西亚地区的人们对茶的喜爱不亚于中亚。他们在饮茶时喜欢加入薄荷、糖等调料，使茶具有独特的风味。

三、西路传播的影响因素

（一）宗教的作用

在茶文化的西路传播中，宗教也起到了一定的推动作用。佛教的传播使得僧侣们将饮茶的习惯带到了所到之处。在他们的修行和宗教活动中，茶成为提神醒脑、静心思考的饮品。

（二）贸易的作用

贸易的发展是茶文化西传的关键因素。商人们为了追求利润，不辞辛劳地将茶叶运往远方。在这个过程中，他们不仅传播了茶叶，还传播了与茶相关的种植、加工技术和文化习俗。各国之间的使节往来和文化交流活动也为茶文化的传播提供了契机。

（三）重要历史事件和人物

有一些重要历史事件和人物推动了茶文化的西路传播。如郑和率领庞大的船队七次下西洋，加强了中国与东南亚、南亚和非洲各国的联系。在这一过程中，茶叶作为重要的商品被带到了这些地区，进一步推动了茶文化的传播。此外，17 世纪，葡萄牙公主凯瑟琳嫁给英国国王查理二世，她将饮茶的习惯带入英国宫廷。随后，下午茶在英国逐渐流行起来，成为英国文化的重要组成部分。

四、西路传播的价值和意义

茶文化西路传播的影响深远，在茶文化传入之前，丝绸之路沿线国家的居民主要饮用牛奶、羊奶等乳制品。茶叶的传入改变了他们的饮食习惯，茶成了一种受欢迎的饮品。促进经济发展，茶叶贸易的兴起带动了丝绸之路沿线国家和地区的经济发展。许多地方开始种植茶叶，发展茶叶加工产业，增加了就业机会和财政收入。丰富文化内涵，茶文化的传播丰富了丝绸之路沿线国家和地区的文化内涵。茶与当地的文化、艺术、哲学等相互融合，形成了各具特色的茶文化。

茶文化的西路传播中与其他文化的融合在各地有着深远的影响。如与宗教文化的融合，在佛教中，茶被视为一种能够提神醒脑、帮助修行的饮品。许多寺庙都会提供茶水给僧侣和信徒饮用。在伊斯兰教中，茶也是一种常见的饮品，在宗教仪式和日常生活中都占有重要地位。此外，茶文化在绘画、书法、音乐、舞蹈等艺术形式中都有所体现。许多艺术家以茶为主题创作了大量的作品，如中国的茶画、日本的茶道表演等，展现了茶文化的独特魅力。

回顾茶文化的西路传播历史，可以看到这是一个不断交流、融合和创新的过程。它见证了人类文明的交流与互鉴，也展现了文化的强大生命力和影响力。在当今全球化的时代，茶文化依然在不断发展和演变，继续为世界各国人民所喜爱和传承。茶文化在丝绸之路的传播是人类文明交流互鉴的生动例证。它不仅丰富了各国人民的生活，促进了经济的发展，还增进了不同文化之间的理解和友谊。在当今全球化的时代背景下，我们应继续加强茶文化的传播与交流，让这一古老而美好的文化在新的时代焕发出更加绚丽的光彩。

随着全球化的推进和经济的发展，茶文化在丝绸之路沿线国家得到了进一步的传承和发展。各国纷纷举办茶文化节、茶艺比赛等活动，加强了茶文化的交流与合作。同时，茶叶的种植和加工技术不断提高，茶叶的品质和种类不断丰富。电子商务的兴起也为茶叶贸易提供了更广阔的平台，使茶文化能够更好地传播和发展。西路茶叶贸易见证了茶文化的传播与发展，而当代世界茶叶贸易格局在不断变迁中呈现出多元化和竞争加剧的特点。了解这些变化和趋势，对于把握茶叶市场的机遇、推动茶文化的传承与创新具有重要意义。中国作为茶叶生产和贸易大国，应积极应对挑战，充分发挥自身优势，在全球茶叶贸易中取得更大的成就，并为茶文化的繁荣做出贡献。

任务四　北路传播与万里茶道

一、茶文化的北路传播

中国北方地区与周边国家和民族的交流由来已久。在古代，北方的游牧民族与中原地区的农耕民族之间既有冲突，也有融合。随着政治、经济和文化的发展，贸易往来逐渐频繁，为茶文化的北路传播创造了条件。

（一）草原茶路

草原茶路是茶文化北路传播的主要路径，主要向北传播至今天的蒙古和俄罗斯广大的欧洲地区。在西方，最早从中国输入茶叶的是俄罗斯。随着蒙古人的扩张，蒙古骑兵随身携带的茶砖引起人们的好奇。幅员辽阔的蒙古大帝国分裂后，游牧民族的饮茶习惯在中亚和西伯利亚固定下来。有关史料证明，俄罗斯人听闻茶的时间应在 1567 年。清康熙帝在位的 1679 年，中俄两国签订了关于俄国从中国长期进口茶叶的协定。雍正六年（1728 年），中俄正式签订《恰克图条约》，恰克图被辟为国际商埠。中国的茶商出长城，经过今天蒙古国的乌兰巴托，到达恰克图与俄商交易。中国茶叶在俄罗斯社会受到普遍欢迎，茶叶贸易日趋繁盛，并形成独特的俄罗斯饮茶文化。迄今，俄罗斯仍然是世界茶叶消费大国。中国茶文化博大精深，源远流长，其传播路径广泛而多样。在众多传播方向中，北路传播具有独特的历史意义和文化价值。这条传播路线不仅促进了茶叶的流通和贸易，更推动了茶文化与不同地域文化的交流与融合，对沿线地区的社会、经济和文化发展产生了深远影响。

（二）陆地丝绸之路的延伸

陆地丝绸之路从长安出发，经过河西走廊，穿越西域，最终到达欧洲。在这条路线的基础上，向北延伸至蒙古高原、西伯利亚等地。商人通过驼队将茶叶运往北方，与游牧民族进行贸易。草原丝绸之路，这条路线主要经过蒙古草原，连接了中国北方与中亚、东欧等地。草原民族在贸易和迁徙过程中，将茶叶传播到更广阔的地区。此外，官方交流与使节往来增多，中原王朝与北方民族政权之间经常互派使节，茶叶作为珍贵的礼品被赠予对方，从而促进了茶文化在北方的传播。当然，由于战乱、垦荒等原因，中原地区的人口向北方迁徙，他们将饮茶的习惯带到了新的居住地，推动了茶文化在当地的普及。茶文化对北方社会生活的影响，在北方地区，以茶待客成为一种普遍的社交礼仪。主人会精心准备茶叶和茶具，为客人泡制一杯香浓的茶，以表达对客人的尊重和欢迎。客人在品茶的过程中，也会与主人交流感情，增进彼此之间的了解和信任。另外，茶馆成为北方人民重要的休闲娱乐场所。人们在茶馆中可以听评书、看戏曲、下棋等，同时品尝美味的茶水。在繁忙的生活中，茶馆为人们提供了一个放松身心、享受生活的空间。在一些北方的传统节日中，茶叶也扮演着重要的角色。例如，在春节期间，人们会用茶叶制作礼品，赠送给亲朋好友，表达祝福和问候。

（三）万里茶道

万里茶道穿越了中国的多个省份和地区，每一段路程都有着独特的地理环境和人文景观。从现在的武夷山出发，首先经过江西的铅山、九江，在这里，会对茶叶进行初步的加工和整理。然后进入湖南的安化，安化黑茶因其独特的品质在茶道中占有重要地位。接着经过湖北的羊楼洞，这里是著名的砖茶产地。继续向北，到达河南的赊店、山西的祁县和平遥。在这些地方，商人们会对茶叶进行进一步的包装和运输准备。经过河北张家口，这里是茶道上的重要中转站，茶叶在这里进行交易和重新分配。最后，穿越内蒙古的草原和荒漠，进入俄罗斯境内。

在万里茶道上，运输方式主要有陆路的马帮、驼队和水路的船只。陆路运输依靠马匹和骆驼，驮载着茶叶穿越山川和草原。水路则利用长江、黄河等水系的船只，将茶叶运往北方。万里茶道的特点不仅在于其漫长的距离，还在于其复杂的贸易网络和多元的文化交流。沿途的商人们不仅要应对恶劣的自然环境，还要处理不同地区的商业规则和文化差异。茶叶的运输本身就是茶文化传播的过程。沿途各地的人们接触到了来自中国的优质茶叶，同时也了解了中国的饮茶习俗和茶文化内涵。

万里茶道的繁荣带动了沿途地区的经济发展。茶叶的种植、加工和运输创造了大量的就业机会，促进了商业的繁荣。武夷山、安化、羊楼洞等地的茶叶产业迅速发展，成为当地的经济支柱。同时，沿线的城镇如张家口、恰克图等也因茶道的贸易而兴起，成为重要的商业中心。商业的繁荣吸引了大量的人口流入，推动了当地的城市化进程。基础设施建设也得到了改善，道路、桥梁、驿站等不断完善，为经济的进一步发展提供了条件。中国的茶具、茶艺、茶礼等也随着茶叶一同传播。在茶道途经的地区，人们开始模仿中国的饮茶方式，使用精美的茶具，举行茶会。同时，茶文化也与当地的文化相互融合，形成了具有地域特色的饮茶风格。例如，在俄罗斯，人们在饮茶时喜欢加入糖和柠檬，并且用精美的银质茶具来泡茶。这种饮茶方式既保留了中国茶文化的影子，又融入了俄罗斯的民族特色。

万里茶道不仅是商品的流通渠道，更是文化交流的桥梁。中国的传统文化、艺术、哲学等通过茶道传播到了沿途各国，同时，外国的文化也传入了中国。在文化交流中，艺术形式相互影响。中国的绘画、书法、雕刻等艺术作品随着茶叶贸易传播到国外，受到了外国艺术家的赞赏和借鉴。外国的音乐、舞蹈、建筑等也传入中国，丰富了中国的文化艺术宝库。宗教信仰也在一定程度上得以交流。佛教、道教等中国传统宗教的思想和理念在沿途地区传播，而基督教、伊斯兰教等宗教也通过茶道传入中国，促进了宗教文化的多元发展。在其发展过程中，万里茶道也面临着诸多挑战。战争、政治动荡、自然灾害等因素都对茶道的贸易造成了影响。19 世纪末 20 世纪初，随着铁路和海运的兴起，传统的陆路运输逐渐失去优势，万里茶道的贸易量逐渐减少，最终走向衰落。尽管万里茶道在历史上经历了衰落，但在现代社会，它的价值重新被人们所认识。许多地方开始重视万里茶道的历史文化价值，对茶道沿线的遗址、古迹进行保护和修复。通过发展茶文化旅游，让更多的人了解万里茶道的历史和文化。同时，加强国际合作与交流，共同推动万里茶道的申遗工作，使其成为世界文化遗产的一部分。这不仅有助于保护和传承万里茶道的文化遗产，也能够促进沿线国家和地区的经济合作和文化交流。

万里茶道作为茶文化传播的重要载体，在历史上发挥了巨大的作用。它促进了经济发展，推动了文化交流，丰富了人们的生活。虽然它曾经衰落，但在现代社会，通过保护、传承和创新，万里茶道有望重新焕发出新的活力，继续为人类文明的交流与发展做出贡献。

二、北路传播的融合路径

茶文化的北路传播是中国文化传播的重要组成部分，它不仅丰富了北方地区的文化内涵，促进了经济发展和社会进步，还加强了各民族之间的交流与融合。

（一）同北方民族的融合

蒙古族是北方草原上的重要民族，他们以畜牧业为主。茶叶的传入为他们的生活带来了新的变化。蒙古族喜欢饮用奶茶，将茶叶与牛奶、羊奶混合煮制，这种独特的饮茶方式既能提供营养，又能抵御寒冷。在蒙古族的传统习俗中，奶茶是招待客人的重要饮品，体现了他们的热情好客。此外，茶文化还与蒙古族的音乐、舞蹈等艺术形式相结合。在一些庆祝活动中，人们会一边品尝奶茶，一边载歌载舞，表达对生活的热爱。

满族在历史上建立了清朝，对中国的政治和文化产生了重要影响。满族也逐渐接受了饮茶的习惯，并形成了自己的特色。满族贵族喜欢饮用精致的花茶和绿茶，在宫廷中设有专门的茶房，负责茶叶的供应和茶艺的表演。茶文化也渗透到满族的礼仪和风俗中。在重要的节日和仪式上，茶叶被用作祭祀用品，表达对祖先和神灵的敬意。

朝鲜族主要居住在我国东北地区和朝鲜半岛。茶文化在朝鲜族中也有着深厚的根基。朝鲜族喜欢饮用大麦茶和绿茶，他们将茶叶与传统的美食相结合，创造出独特的饮食文化。在朝鲜族的家庭中，长辈向晚辈敬茶是一种表达关爱和尊重的方式。同时，茶文化也成为朝鲜族社交活动中不可或缺的一部分，增进了人与人之间的感情。

（二）同北方宗教信仰的结合

茶文化与北方宗教信仰的结合比较紧密。首先是佛教，佛教在北方地区有着广泛的传播和影响。寺庙中的僧侣们常以茶为饮品，在诵经、修行之余，品茶静心。茶文化与佛教的禅意相结合，形成了独特的“禅茶一味”的理念。其次是道教，道教追求自然、和谐的境界，与茶文化中所蕴含的宁静、淡泊的精神相契合。在北方的一些道观中，也会举行与茶相关的仪式和活动。

三、北路传播的重要历史人物和事件

茶文化北路传播中涌现出一些重要历史人物和事件。如忽必烈与茶叶贸易，元朝时期，忽必烈大力发展贸易，促进了茶叶在北方乃至中亚地区的流通。他对茶叶的重视，推动了茶文化在北方的进一步传播。再如万里茶道的形成。清朝时期，形成了从中国南方产茶区到俄罗斯的万里茶道。这条茶道穿越中国北方地区，促进了中俄之间的茶叶贸易和文化交流，是茶文化北路传播的重要历史事件。万里茶道这条跨越欧亚大陆的传奇贸易之路，不仅是茶叶贸易的通道，更是茶文化传播的重要纽带。它见证了中国茶文化在世界范围内的影响力，也促进了不同地域文化的交流与融合。在茶文化的北路传播中，较有影响的是万里茶道。万里茶道始于 17 世纪，源于中国南方的茶叶产区。当时，中国的茶叶在国际市场上备受青睐，尤其是在俄罗斯等欧洲国家，对茶叶的需求日益增长。为了满足这一需求，一条从中国福建武夷山出发，途经江西、湖南、湖北、河南、山西、河北、内蒙古等地，最终抵达俄罗斯圣彼得堡的万里茶道逐渐形成。

四、北路传播的影响

（一）经济方面

茶叶贸易的兴起带动了北方地区商业的繁荣。商人通过贩卖茶叶获取丰厚的利润，同时也促进了其他商品的流通。一些北方城市成为重要的茶叶贸易中心，吸引了众多商人和手工业者聚集。

（二）农业和手工业方面

为了满足对茶叶的需求，北方一些地区开始尝试种植茶叶，推动了当地农业的多样化发展。同时，与茶叶相关的手工业，如茶具制作、茶叶包装等也逐渐兴起，为当地居民提供了更多的就业机会。

（三）文化方面

随着茶文化的传播，茶馆、茶肆在北方城市中逐渐增多。这些场所不仅提供饮茶服务，还成为人们休闲娱乐、交流信息的重要场所，带动了服务业的发展。此外，茶叶的运输和储存也促进了物流行业的进步。今天，现代茶文化在北方继续传承与创新。北方地区的一些老字号茶馆依然保留着传统的茶艺和饮茶方式，传承着古老的茶文化。同时，一些民间组织和社会团体也积极开展茶文化活动，宣传和推广茶文化知识。茶文化还与旅游结合。北方的一些茶叶产地和茶文化历史遗迹被开发为旅游景点，吸引了众多游客前来参观体验，如内蒙古的草原茶文化旅游、东北地区的茶园观光等，推动了茶文化与旅游产业的融合发展。随着科技和工艺的进步，北方地区涌现出许多创新的茶文化产品，如茶饮料、茶食品、茶保健品等，满足了现代人对健康和时尚的需求。

在当今全球化的时代背景下，我们应继续传承和弘扬茶文化，推动茶文化在北方地区乃至世界范围内的创新与发展，让这一古老而又充满活力的文化瑰宝绽放出更加绚丽的光彩。

任务五　海陆传播与世界化进程

一、茶文化的海陆传播

茶文化作为中国传统文化的重要组成部分，以其独特的魅力和深厚的内涵，在历史的长河中通过海陆两条路径广泛传播，对世界各国的文化、经济和社会生活产生了深远的影响。中国是茶的故乡，据历史记载，早在神农氏时期，茶就被发现并用于药用。随着时间的推移，茶逐渐从药用发展为日常饮品，并在唐代达到了一个高峰。陆羽的《茶经》问世，系统地阐述了茶的种植、制作、饮用等方面的知识和礼仪，标志着中国茶文化的形成。在宋代，茶文化进一步繁荣，点茶法盛行，茶与文学、艺术的结合更加紧密。明清时期，泡茶法逐渐普及，茶叶的种类和制作工艺也不断丰富和完善。

茶文化的海陆传播有多种路径。明朝时期，郑和七下西洋，将茶叶运输到越南、印度、阿拉伯半岛等地区，拓展了茶叶在亚洲的传播范围。同时，也为茶叶传入欧洲、非洲开辟了途径，被称为“海上茶叶之路”。1606 年，荷兰商人从中国澳门贩茶到印度尼西亚，次年直接从中国运茶回国，并逐渐将茶叶传播到英国、法国等欧洲国家。最初，茶叶在西方价格昂贵，只是上层社会的奢侈品，直到 17 世纪下半叶，随着茶叶输入量骤增，茶价平抑，才开始在西方社会广泛流行。

二、海陆传播的主要方向

（一）东向至日本、韩国

茶文化最早通过海上贸易和僧侣交流传入日本。唐朝时期，日本派遣大量遣唐使来华，学习中国的文化、制度和技艺，其中就包括茶文化。日本僧人最澄回国时，不仅带回了茶籽，还将中国的饮茶习俗和茶道精神引入日本，为日本茶道的形成奠定了基础。日本在吸收中国茶文化的基础上，发展出独具特色的茶道。茶道强调仪式感、精神修养和审美体验，注重茶室的布置、茶具的选择和泡茶的程序。茶道成为日本传统文化的重要代表，对日本人的生活方式和价值观产生了深远的影响。平安时代（794—1192 年），日本开始少量进口中国茶叶，主要供贵族阶层享用。镰仓时代（1185—1333 年），荣西禅师将茶籽带回日本，并著《吃茶养生记》，推广饮茶，此时饮茶主要在寺院和上层武士中流行。室町时代（1336—1573 年），茶道逐渐形成，以“和、敬、清、寂”为精神内涵，成为日本独特的文化艺术形式。江户时代（1603—1867 年），茶道进一步普及，出现了不同的流派，如千利休创立的“千家茶道”。

同时，茶馆开始兴起，普通民众也有了更多接触和享受茶文化的机会。三国时期（公元前57年—公元668年），茶叶可能通过与中国的贸易或文化交流借助海路传入韩国，但尚未广泛传播。高丽时代（918—1392年），佛教盛行，寺院成为茶文化的重要传播场所，饮茶习俗在僧侣和贵族中逐渐普及。朝鲜时代（1392—1910年），茶文化得到进一步发展，宫廷和士大夫阶层对茶的喜爱与日俱增，出现了许多与茶相关的礼仪和文化活动。

（二）南向至东南亚

通过海上丝绸之路，茶文化传播到东南亚地区。这些地区气候炎热潮湿，人们对茶的清凉解渴功效十分喜爱。在传播过程中，与当地的文化和习俗相融合，形成了具有地域特色的饮茶方式。在东南亚国家，如马来西亚、新加坡、印度尼西亚等，茶文化与当地的宗教和民俗相结合。例如，在马来西亚，华人社区保留了传统的中式饮茶方式，而马来人则将茶与香料混合，创造出独特的拉茶。茶文化的传播促进了不同民族之间的交流和融合，丰富了当地的文化多样性。如18世纪后期，英国殖民统治印度，开始在印度大规模种植茶叶，主要是为了满足英国国内对茶叶的需求。随着茶叶种植和加工技术的不断发展，印度逐渐成为重要的茶叶生产国和出口国，其茶叶主要以红茶为主，如阿萨姆红茶、大吉岭红茶等，在国际市场上具有较高的知名度。

（三）西向至欧洲

16世纪，随着新航路的开辟，欧洲的商船开始频繁往来于中国沿海。茶叶作为一种珍贵的商品，被引入欧洲。最初，茶叶在欧洲是贵族和上层社会的奢侈品，后来逐渐普及到平民阶层。茶文化的传入改变了欧洲人的饮食习惯和社交方式。英国人发展出了下午茶文化，在下午时分享用精致的点心和茶，成为一种优雅的生活方式。欧洲各国也相继出现了各种茶馆和茶会，推动了茶叶贸易的繁荣，对欧洲的经济和文化发展起到了积极的作用。17世纪，英国东印度公司开始从中国进口茶叶，茶叶最初在英国贵族和上流社会中流行，被视为一种奢侈品。18世纪，随着茶叶进口量的增加和价格的下降，饮茶逐渐普及到中产阶级和普通民众。19世纪，英国的茶叶消费持续增长，茶叶贸易也对英国的经济和政治产生了重要影响。英国在印度、斯里兰卡等地建立了茶叶种植园，以满足国内对茶叶的需求。

17世纪，茶叶通过荷兰商人传入法国，最初主要在宫廷和贵族中流行。18世纪，法国启蒙运动时期，茶文化在文人雅士中受到欢迎，成为一种时尚的象征。19世纪以后，随着法国与其他欧洲国家的交流增加，茶叶逐渐在法国普通民众中普及，但法国的茶文化相对较为注重品位和社交，与英国的下午茶文化有所不同。差不多同一时期，茶叶通过西伯利亚地区传入俄罗斯，最初主要在贵族和富商中饮用。18世纪以后，茶叶逐渐普及到俄罗斯社会的各个阶层。俄罗斯人喜欢喝红茶，通常会在茶中加入糖、柠檬片或果酱等调味品，形成了独特的俄罗斯茶饮风格。

18 世纪，茶叶通过英国传入美国殖民地，最初主要在东部沿海城市的上层社会中流行。美国独立战争期间，由于英国对茶叶的高额征税，引发了“波士顿倾茶事件”，成为美国独立战争的导火索之一。19 世纪以后，随着美国经济的发展和人口的增长，茶叶消费逐渐普及。美国人的饮茶习惯较为多样化，除了传统的红茶和绿茶外，还喜欢喝冰茶、花草茶等。

19 世纪，茶叶随着欧洲移民传入加拿大，主要在英国裔和欧洲裔居民中流行。20 世纪以后，随着加拿大社会的多元化发展，茶叶的消费群体也逐渐扩大，各种茶文化活动和茶馆开始出现。

三、海陆传播的代表路线

茶文化的陆上传播主要有丝绸之路、茶马古道和茶船古道。西汉时期，汉武帝打击匈奴并开辟了通往西域的贸易路线，茶叶伴随着丝绸、瓷器等成为对外输出的重要商品。虽然当时茶叶传播的规模和影响力相对有限，但为后来茶文化的广泛传播奠定了基础。通过陆上丝绸之路，茶叶从中国向西北传播到中亚、西亚和欧洲。这条古老的贸易通道不仅促进了商品的交换，也带动了文化的交流。在中亚和西亚地区，茶叶成为了人们日常生活中不可或缺的饮品。当地的人们根据自己的口味和习惯，对茶叶的饮用方式进行了创新，如在茶中加入香料和糖等。茶文化的传播促进了中国与这些地区的贸易往来和文化交流，加强了彼此之间的联系，形成许多的代表路线，如丝绸之路和茶马古道。

唐宋时期，内地与边疆地区的“茶马互市”兴起，形成了以川藏道、滇藏道为主线的茶马古道网络。茶叶通过这条路线传播到西藏地区，进而影响到周边的尼泊尔、印度等国家。例如，从四川雅安出发，经泸定、康定、巴塘、昌都到西藏拉萨，再到尼泊尔、印度；或者从云南普洱茶原产地出发，经大理、丽江、中甸（即今天的香格里拉）、德钦，到西藏邦达、察隅或昌都、洛隆、工布江达、拉萨，然后再经江孜、亚东，分别到缅甸、尼泊尔、印度。在中国西南地区，存在着著名的茶马古道。这是一条以马帮为主要运输方式，连接川滇藏地区的贸易通道。茶叶与马匹在这里进行交换，茶文化也随之传播到了边疆地区和少数民族地区。茶马古道的存在加强了汉族与少数民族之间的经济联系和文化交流。少数民族地区形成了独特的茶俗和茶文化，如藏族的酥油茶、纳西族的龙虎斗等。茶文化成为民族团结和融合的重要纽带。

茶船古道起源于唐宋时期，兴盛于明清及晚清至民国时期，主要有广西梧州和福建两条线路。广西梧州茶船古道因清代嘉庆年间六堡茶成为全国名茶而需求增加，加之当地水路便利，逐渐形成运输通道，晚清时因华工下南洋带动六堡茶大量外销而繁荣；福建茶船古道则依托唐代以来的茶外销水运基础，伴随海上丝绸之路发展，以闽江等航道和沿海港口为依托，形成茶叶外销通道。其文化内涵丰富，涵盖了依托茶叶贸易形成的商贸文化、与船运及码头相关的航运文化、以茶叶为核心的饮食文化，以及与茶叶种植、运输等活动相关的民俗文化等。

四、海陆传播的主要媒介

（一）丰富的贸易渠道

在茶文化的海陆传播过程中，贸易始终是重要的推动力量。中国的茶叶通过海上和陆上贸易，远销世界各地，成为中国对外贸易的重要商品。同时，与茶叶相关的茶具、茶艺、茶书等也随之传播，丰富了各国的茶文化内涵。

（二）文化之间的碰撞与交流

各国之间的文化交流也在茶文化传播中起到了重要作用。使节的往来、学者的交流、宗教的传播等都为茶文化的传播提供了契机。例如，佛教的传播促进了茶文化在亚洲地区的传播，而西方的文化和思想也通过贸易渠道传入中国，对中国的茶文化产生了一定的影响。随着茶文化的传播，茶叶的种植、加工和制作技术也不断传播和创新。在日本，抹茶的制作技术得到了发展和完善；在印度和斯里兰卡，英国人引入了茶树种植和红茶制作技术，开创了红茶产业。同时，茶具的制作技术也在传播中不断改进和创新。中国的陶瓷茶具在世界范围内享有盛誉，其制作技术传播到了其他国家，促进了当地陶瓷产业的发展。各国根据自己的文化和审美特点，制作出了各具特色的茶具，如日本的铁壶、英国的骨瓷茶具等。

当下，随着全球贸易的发展，茶叶成为了重要的商品之一。从早期的海上丝绸之路到现代的国际贸易体系，茶叶的贸易不断扩大，促进了茶文化在世界各地的传播。欧洲国家的殖民活动和移民潮将茶文化带到了新大陆和其他殖民地。移民们在新的土地上保留了自己的饮茶习惯，并将其与当地文化相融合。各国之间的文化交流活动，如艺术、文学、影视作品等，也为茶文化的传播提供了平台。人们通过不同的文化载体了解和接受茶文化。旅游业的发展使得人们有更多机会亲身体验不同国家和地区的茶文化。游客们在旅行中品尝当地的茶品，参观茶园和茶厂，进一步推动了茶文化的传播。

茶文化在世界化进程中不断进行融合与创新。在全球范围内，人们根据当地的口味和需求，对茶的饮用方式进行了创新。除了传统的冲泡方式，还出现了冰茶、奶茶、水果茶、花草茶等多种新颖的饮品。不同国家和地区将茶文化与自身的宗教、哲学、艺术、礼仪等方面相结合，形成了具有地方特色的茶文化。例如，日本的茶道与禅宗思想相融合，英国的下午茶与社交礼仪紧密相连。此外，在茶文化的世界化进程中，茶产业也不断发展和创新。从茶叶的种植、加工、包装到销售，都引入了先进的技术和理念。同时，茶品牌的建设和推广也越来越受到重视。

五、海陆传播的机遇和挑战

茶文化的海陆传播是人类文明交流的一个生动例证，它展示了文化的魅力和影响力。通过海陆两条路径，茶文化不仅丰富了世界各国的文化内涵，也促进了各国之间的经济贸易和友好往来。在当今全球化的时代，我们应当继续传承和弘扬茶文化，让这一古老而美好的文化在世界舞台上绽放更加绚丽的光彩，为人类的文明进步和和谐发展做出更大的贡献。

当然，茶文化在世界化进程中也面临着挑战与机遇，不同国家和地区的文化背景和价值观存在差异，可能导致对茶文化的理解和接受程度不同。且随着茶叶市场的不断扩大，竞争也日益激烈，如何在众多品牌中脱颖而出是一个挑战。加之质量与安全问题——茶叶的质量和安全标准在不同国家和地区可能存在差异，需要加强国际协调和监管。因此，当下茶文化应该关注消费需求增长，随着人们对健康生活的追求和对传统文化的关注，对茶叶和茶文化的需求有望继续增长。利用互联网、电子商务等科技创新手段，可以拓展茶文化的传播渠道和销售市场。各国之间可以加强在茶文化领域的合作，共同推动茶文化的发展和传承。

总体而言，茶文化在世界范围内的传播和发展是一个多元、复杂且相互影响的过程。不同国家和地区在接受和发展茶文化的过程中，都融入了自身的文化特色和生活方式，形成了各具特色的茶文化表现形式，共同丰富了世界茶文化的内涵。如今，茶文化已经成为全球性的文化现象，对人们的生活和社会交往产生了深远影响。在未来，我们期待茶文化能够继续在世界舞台上绽放光彩，为人们带来更多的美好与和谐。

任务六　当代世界茶叶贸易的格局与变迁

茶叶作为世界上最古老和广泛消费的饮品之一，在国际贸易中占据着重要地位。从古代的丝绸之路到现代的全球化市场，茶叶贸易经历了漫长而复杂的变迁过程。在当代，随着全球经济、政治和社会环境的不断变化，茶叶贸易也面临着新的机遇和挑战。深入研究当代世界茶叶贸易的变迁，对于理解全球经济格局、促进茶叶产业的发展以及满足消费者需求具有重要意义。

一、当代世界茶叶贸易的格局

茶叶起源于中国，早在古代就通过丝绸之路等贸易路线传播到世界各地。在早期，茶叶贸易主要集中在亚洲地区，中国的茶叶远销日本、韩国、印度等周边国家。随着欧洲航海技术的发展，茶叶逐渐传入欧洲。17 世纪，荷兰东印度公司开始将茶叶大量运往欧洲，茶叶在欧洲迅速流行起来，成为贵族和上层社会的奢侈品。此后，英国、法国等国家也纷纷加入茶叶贸易，欧洲市场逐渐成为茶叶贸易的重要中心。欧洲列强在殖民扩张过程中，将茶叶种植技术带到了殖民地。例如，英国在印度、斯里兰卡等地大力发展茶叶种植园，使这些地区的茶叶产量大幅增加，逐渐成为世界茶叶的主要生产地。

目前，世界上主要的茶叶生产国包括中国、印度、肯尼亚、斯里兰卡、越南等。中国是世界上最大的茶叶生产国，其茶叶产量和种植面积均居世界首位。印度的茶叶产量也非常可观，主要以红茶为主。肯尼亚、斯里兰卡等国则以出口优质红茶而闻名。这些国家的茶叶出口在全球茶叶贸易中占据着重要份额。欧美等发达国家是茶叶的主要进口国和消费市场。例如，美国、英国、德国等国家对茶叶的需求量较大，消费者对茶叶的品质和种类有较高的要求。此外，亚洲的日本、韩国等国家也是重要的茶叶进口国，其茶文化源远流长，对茶叶的消费也非常普遍。

从贸易流向来看，茶叶贸易主要呈现出从亚洲和非洲的生产国向欧洲、北美和中东等消费国流动的特点。亚洲国家之间的茶叶贸易也较为活跃，如中国与日本、韩国等邻国之间的茶叶贸易往来频繁。近年来，一些新兴市场在茶叶贸易中逐渐崛起。例如，俄罗斯、中东地区、非洲等国家和地区的茶叶消费量呈现出快速增长的趋势。这些新兴市场的崛起为世界茶叶贸易的发展带来了新的机遇。此外，国际贸易中的茶叶产品种类也日益多样化。除了传统的散装茶叶，小包装茶叶、茶包、速溶茶等方便快捷的茶叶产品越来越受到消费者的喜爱。

二、主要的茶叶生产国

（一）中国

中国是茶叶的发源地，拥有悠久的茶叶种植和加工历史。茶叶种类丰富，包括绿茶、红茶、乌龙茶、黑茶等。中国茶叶的进出口长期稳居世界第一，其中，2015 年产量为 227.8 万吨。2017 年产量达 255 万吨，占全球的 44.8%。世界 80% 的茶叶产量由亚洲国家贡献，中国占主导地位。中国茶叶出口至多个国家和地区，在全球茶叶市场中具有重要地位。然而，中国茶叶出口也面临着一些挑战，如质量标准的国际差异、品牌建设不足等。

（二）印度

印度是世界上重要的茶叶生产和出口国，以红茶生产为主。印度 2017 年茶叶产量 127.8 万吨，全球占比 21.7%，以阿萨姆、大吉岭红茶闻名，且规模庞大。其茶叶产业具有规模化、专业化的特点，在国际市场上具有较强的竞争力。但印度茶叶产业也存在一些问题，如劳动力成本上升、基础设施建设滞后等。

（三）肯尼亚

肯尼亚的茶叶产业发展迅速，出口量在全球名列前茅。其作为非洲最大的产茶国，2017 年产量达 44 万吨，居全球第三（7.2%）。虽产量低于中印，但以出口为导向，是全球最大的红茶出口国。其优势在于高效的农业管理和现代化的加工技术，但面临着市场单一、产品附加值低等问题。

（四）斯里兰卡

斯里兰卡以优质的锡兰红茶闻名于世，注重茶叶品质和品牌建设。2017 年产量为 30.7 万吨，主产锡兰高地红茶，出口量近 90%（27.8 万吨），品质与贸易地位突出。然而，其茶叶产业易受自然灾害和国际市场波动的影响。

（五）越南

越南茶叶主要出口到中国、巴基斯坦和俄罗斯，在亚洲市场具有重要影响力。2017 年产量为 17.2 万吨，出口 13.4 万吨，出口比例高（约 78%），近年来快速跻身全球前十。出口定位中低端市场。

三、主要的茶叶进口国

（一）俄罗斯

俄罗斯是世界上主要的茶叶进口国之一，对红茶的需求较大。其进口茶叶主要用于满足国内消费者的需求，进口来源较为多样化。

（二）英国

英国有着深厚的饮茶传统，对各类茶叶都有一定的需求，尤其偏爱高品质的红茶。进口茶叶在满足国内消费的同时，也推动了其茶文化的发展。

（三）巴基斯坦

巴基斯坦的茶叶进口量较大，主要用于满足国内庞大的消费市场。其进口茶叶的价格和质量是影响进口的重要因素。

（四）美国

美国是一个多元化的茶叶消费市场，对绿茶、乌龙茶等的需求不断增长。进口茶叶的种类丰富，反映了其消费者多样化的口味偏好。

（五）埃及

埃及作为非洲地区的重要茶叶进口国，进口的茶叶主要用于满足国内居民的日常饮用需求。

随着科技的进步，茶叶生产技术不断改进。各国在茶树种植、病虫害防治、采摘和加工等环节引入了现代化的技术手段，提高了茶叶的产量和质量。同时，为了满足消费者多样化的需求，茶叶品种也在不断创新，除了传统的红茶、绿茶、乌龙茶等，还出现了特色茶、有机茶、功能性茶等新品种。

四、当代世界茶叶贸易的变迁

（一）市场需求的变化

随着人们健康意识的提高，对茶叶的保健功能有了更多的认识和需求。消费者越来越倾向于选择有机茶、绿色茶和功能性茶，这促使茶叶生产商不断调整产品结构，以满足市场需求。同时，年轻一代消费者对于茶叶的消费方式和口味有了新的要求，推动了茶叶饮品的创新和多样化发展，如奶茶、水果茶等新型茶饮在全球范围内迅速流行。

（二）贸易政策的影响

各国的贸易政策对茶叶贸易产生了重要影响。一些国家为了保护本国茶叶产业，采取了进口关税、配额限制等贸易保护措施，这在一定程度上影响了茶叶的自由流通。另外，一些国家之间签订的自由贸易协定则促进了茶叶贸易的增长，降低了贸易成本，提高了贸易效率。

（三）消费习惯的转变

在传统的茶叶消费国家，如英国和日本，饮茶习惯相对稳定，但在新兴市场，如非洲和拉丁美洲的一些国家，茶叶消费正在逐渐兴起。同时，随着生活节奏的加快，方便快捷的饮茶方式，如茶包和罐装茶饮的市场份额不断扩大。此外，电子商务的发展也为茶叶贸易提供了新的销售渠道，消费者可以更加便捷地购买到来自世界各地的茶叶产品。

（四）价格波动与质量竞争

茶叶价格在国际市场上波动频繁，受到产量、气候、市场供需关系等多种因素的影响。价格波动不仅影响了茶叶生产商和贸易商的收益，也对茶叶贸易的稳定性造成了一定的冲击。为了在竞争激烈的国际市场中脱颖而出，各国茶叶生产商更加注重提高产品质量，加强品牌建设，通过优质优价的策略来提升市场竞争力。

（五）当下茶叶主要贸易组织与协定

世界贸易组织（WTO）在促进全球茶叶贸易自由化方面发挥了重要作用。其制定的贸易规则和争端解决机制为茶叶贸易提供了一个相对公平和透明的环境。然而，由于各国在茶叶贸易中的利益诉求不同，WTO 框架下的谈判和协商也面临着诸多挑战。

此外，一些区域贸易协定，如欧盟内部的自由贸易协定、东盟自由贸易区等，也对区域内的茶叶贸易产生了积极影响。这些协定通过降低关税、消除贸易壁垒等措施，促进了区域内茶叶贸易的增长和一体化发展。

五、当代世界茶叶贸易中的中国

当代世界茶叶贸易的格局与变迁是一个复杂而动态的过程，受到多种因素的交互影响。了解和把握这些变化对于中国茶叶行业的参与者和相关决策者至关重要。在未来，随着全球经济的发展、消费者需求的变化和科技的进步，世界茶叶贸易有望迎来新的发展机遇，同时也需要不断应对各种挑战，实现持续、稳定和健康的发展。

新兴市场与发展趋势较为典型，除了传统的茶叶消费市场，一些新兴市场如中东、非洲和拉丁美洲的部分国家对茶叶的需求呈现出快速增长的趋势。这些新兴市场的崛起为世界茶叶贸易特别是中国茶叶贸易带来了新的机遇和挑战。当然，在全球环保意识不断增强的背景下，可持续发展和绿色贸易成为茶叶行业的重要发展趋势。消费者对有机茶、生态茶的需求不断增加，茶叶生产商和贸易商需要更加注重环境保护、社会责任和可持续生产方式，以满足市场需求和应对国际环保标准。科技创新在茶叶生产、加工和贸易中发挥着越来越重要的作用。例如，智能化的种植和加工设备提高了生产效率和产品质量，区块链技术的应用可以实现茶叶供应链的追溯和监管，保障茶叶的质量安全。同时，产业升级也促使茶叶企业加强品牌建设、拓展销售渠道、创新产品和服务，以提升产业附加值和竞争力。

中国是世界上最大的茶叶生产国和出口国之一，绿茶、红茶、乌龙茶等各类茶叶在国际市场上具有较高的知名度和市场份额。中国的茶叶品牌逐渐在国际市场上崭露头角，一些知名品牌受到了消费者的认可和喜爱。尽管中国在世界茶叶贸易中具有重要地位，但也面临着一些挑战。例如，国际市场上的竞争日益激烈，来自肯尼亚、斯里兰卡等国家的茶叶产品对中国茶叶构成了一定的竞争压力。此外，中国茶叶在出口过程中还面临着质量标准、品牌建设、市场营销等方面的问题，需要进一步提升自身的竞争力。为了适应未来的发展趋势，中国作为茶叶生产国和贸易国需要加强合作，共同应对市场挑战。同时各国应加大对茶叶产业的科技投入，提高茶叶生产的效率和质量，加强品牌建设和市场营销，拓展茶叶的消费群体和市场空间。同时，政府和行业组织应加强监管和服务，制定和完善相关标准和政策，促进茶叶贸易的健康、可持续发展。

预计未来全球茶叶市场需求将继续保持增长态势，特别是在新兴市场和健康茶饮领域，茶叶的发展潜力巨大。随着消费者对品质和健康的追求，高端茶叶和特色茶叶市场有望进一步扩大。借助大数据、物联网等技术，中国茶叶贸易要尽快实现茶叶生产和供应链的智能化管理，提高效率和降低成本。茶叶的个性化定制与消费体验需求凸显。

▸ **拓展阅读**

丝绸之路和茶马古道

本章小结

中国茶文化与茶叶出口贸易在历史长河中演绎了“以文促商、以商传文”的双向互动关系。自南北朝起，茶便通过陆上丝绸之路、茶马古道与游牧民族展开贸易，唐宋时期随海陆商路延展至西亚、欧洲，形成了早期“茶之路”。茶文化作为软实力，成为中外交流的重要媒介，推动了茶叶作为大宗商品的流通。近代茶文化传播与贸易经历了辉煌与挫败的双重跌宕。16 世纪后，中国茶经海路深入欧洲，引发“东方树叶”风潮，这一时期凸显文化主动权与贸易竞争力之间的深刻关联——本土文化深度嫁接他国需求才能形成持久影响力，但被动迎合市场也会导致传统价值稀释。

当代茶叶出口虽逐步复苏，却深陷一些困境。其根源在于茶文化对外传播未能与产业升级形成共振：国际认知仍局限于传统符号，缺乏当代叙事；日、英等国通过文化反向输出塑造高端茶品牌的经验未被充分借鉴。破解困局需构建“文化—产业”协同战略：一方面挖掘茶道美学、健康理念等文化内核，通过影视、教育等多渠道传播，培育消费认同；另一方面推动出口结构向精深加工、品牌化转型，如开发茶保健品、茶文旅项目，以文化赋能提升价值链。历史证明，茶文化的感召力与贸易竞争力始终同频共振，唯有激活文化创新动能，才能重塑中国茶叶在全球贸易格局中的话语体系。

实训任务

实践题目：探究中国茶文化的传播路径

实践目的：通过学习中国茶文化的传播路径，讨论当代中国优秀茶文化的延续和发展。

实践方法：查阅有关茶文化的书籍和资料，观看关于茶文化传播的纪录片，以小组为单位进行讨论、交流和分享。

思考与练习

一、选择题

1. 以下哪个国家是最早将茶叶引入并形成独特茶文化的？（　）

A. 英国　　B. 日本　　C. 印度　　D. 中国

2. 茶文化通过哪种方式在全球范围内传播最为广泛？（　）

A. 贸易　　B. 外交　　C. 移民　　D. 旅游

3. 以下哪种茶叶在西方市场最受欢迎？（　）

A. 绿茶　　B. 红茶　　C. 乌龙茶　　D. 黑茶

4. 茶文化传播过程中，以下哪个因素对其影响最小？（　）

A. 宗教　　B. 语言　　C. 气候　　D. 政治

5. 茶叶传入欧洲的时间大约是在（　）。

A. 16 世纪　　B. 17 世纪　　C. 18 世纪　　D. 19 世纪

二、判断题

1. 中国茶文化在传播过程中对日本茶道的形成没有影响。（　）
2. 中国茶文化传播到欧洲后，当地立即形成了浓厚的饮茶氛围。（　）
3. 互联网的发展对中国茶文化传播没有起到推动作用。（　）
4. 中国茶文化在传播中，茶叶的种类始终没有变化。（　）
5. 中国茶文化的传播只局限于亚洲地区。（　）
6. 中国传统的茶艺表演是中国茶文化传播的重要方式之一。（　）

三、思考题

1. 思考在茶文化传播中，如何平衡传统与创新的关系？

2. 思考茶文化传播对于促进乡村振兴的途径和意义。

3. 分析在全球化背景下，茶文化传播面临的机遇和竞争。

参考答案

项目三

百花齐放韵悠长
——多彩区域茶文化

思维导图

项目三　百花齐放韵悠长——多彩区域茶文化

- 任务一　中国各区域多彩茶礼
- 任务二　少数民族特色茶俗
- 任务三　中国各地域缤纷茶文化
- 任务四　世界各国特色茶文化

学习目标

知识目标

- 掌握待客茶礼的具体内容
- 了解婚礼茶礼、祭祀茶礼及寺庙茶礼的具体表现
- 熟悉我国主要少数民族的茶俗
- 掌握我国各地方饮茶习俗
- 了解世界各国茶文化

能力目标

- 能够在日常生活、工作场合正确运用茶礼
- 能阐述各地方、各民族、各国家的茶文化精髓

素养目标

- 熟悉国内外茶文化习俗，树立文化自信

任务一　中国各区域多彩茶礼

几千年来，人们对茶的精神认知及自然条件、社会环境、文化背景的差异，形成了多种多样的饮茶礼仪，主要体现在待客、婚俗、丧仪、祭祀等方面。

一、传统的待客茶礼

（一）待客茶礼的溯源

中国是礼仪之邦，历来就有“客来敬茶”之礼。据史书记载，三国时期，由于大臣韦昭酒量小但茶量颇大，皇帝孙皓允许他在宴会上以茶代酒，从而开启了宫廷和民间用茶接待客人的先河。到了东晋时期，东晋太子太傅桓温就“用茶果宴客”，吴兴太守陆纳以茶招待来访的谢安。唐宋时期，饮茶之风盛行，茶宴成为从皇室到文人雅士的重要社交活动，进一步推动了待客茶礼的发展和普及，并流传至今。

（二）客来敬茶的礼仪

客来敬茶体现的是以茶为媒，一是向来客表敬意，二是让客人清烦解渴，三是表达主客叙谈，使气氛更加融洽。

准备与烧水：在泡茶前，主人会精心挑选茶叶，并清洁茶具，以示对客人的尊重。烧水时，主人会控制水温，确保适合所泡茶叶的种类。

温杯与赏茶：通过温杯，可以预热茶具，激发茶香。赏茶则是邀请客人一同欣赏茶叶的外形和色泽，增加泡茶的仪式感。

投茶与注水：根据茶叶的种类和口感，主人会适量投放茶叶，并掌握注水的力度和速度，以最佳方式释放茶叶的香气和味道。

出汤与分茶：泡好茶后，主人会将茶汤倒入公道杯，再均匀分到每个茶杯中，确保每位客人都能享受到相同浓度和温度的茶汤。分茶汤时，要注意茶斟七分满，留下三分是情谊。

递茶与品饮：递茶时，主人通常会行茶礼，双手递茶，说“请”表达对客人的敬意。客人在接茶时道以“谢谢”，并在品饮时称赞茶的味道。

交谈与续水：在品茶的同时，主人会与客人愉快地交谈，增进彼此的了解。同时，主人会注意观察茶汤的浓度，适时为客人续水。

结束与致谢：在茶礼结束时，主人会向客人表示感谢，并邀请客人下次再来品茶，表达持久的友谊和尊重。

（三）不同地区的敬茶之礼

在一些产茶区，茶农们有“嫩茶待客”的礼俗：茶农平时自己多饮粗茶，客人上门则敬以细茶。如闽西客家人家家备有嫩、粗两种茶。粗茶置于暖壶内冲泡，自饮解渴；嫩茶为待客之用，以小茗壶冲泡，用小杯品茗。

陕西农村有“礼遇长者”礼俗：如有乡贤长者、至亲老人来家，主人多用煎小罐清茶的方式敬奉。煎小罐清茶所用为好茶、细茶，煎大罐面茶，则用粗茶、大路茶。

江南地区有根据不同客人在茶叶中加放配料的“因客制宜”礼俗：若来客为老年人，加放几朵代代花，一是香气浓郁，二是祝福老人子孙代代富贵；来客若为新婚夫妇，则杯中各放两枚红枣，有甜甜美美、早生贵子之意。

西南人敬茶讲究“三道茶”，每道茶都有含义：一道茶不饮，只是表示迎客、敬客；二道茶是深谈、畅饮；三道茶上来即表示主人要送客了。

安徽地区讲究吃“三茶”：“三茶”，就是枣栗茶、鸡蛋茶和清茶，又叫“利市茶”，象征着大吉大利、发财如意。

在湖南怀化市芷江新晃侗族自治县的侗族同胞喜欢用甜酒、油茶招待客人，请人进屋做客，要用酒肉相待，对客人还有“茶三”（吃油茶要连吃三碗）、“酒四”（酒要连喝四杯）、“烟八杆”（烟要连抽八袋）的招待规矩。

（四）商务茶礼

在现代的商务活动中，“以茶待客”已成为一种常见的礼仪，它不仅能够营造轻松愉快的交流氛围，还能促进双方在商务领域的合作。

1. 筹备阶段

在客人到访之前，应先了解清楚客人的饮茶喜好，如果无法了解，可以根据客人的籍贯来推断其可能喜欢的茶类。例如，老北京人比较喜欢喝花茶，江浙人喜欢喝绿茶，而台湾、福建和广东人则偏好乌龙茶。

茶具要干净整洁且完好无损，这是基础的商务待客礼仪。使用不洁或破损的茶具会给客人留下不专业的印象。

根据客人的喜好准备好相应的茶叶，并简要介绍茶叶的名称、产地、品质特征等，让客人感受到尊重和重视。

2. 泡茶与敬茶

当宾主双方入座后，应按照“先客后主”的顺序上茶。如果有多位客人，应按照身份高低、年龄大小、女士优先的原则进行。

倒茶时应使用公道杯，自左到右顺时针倒茶，注意不要将茶倒满，一般以七分满为宜，留下三分人情空间。

客人喝过几口茶后，应及时为其续上，绝不能让其杯中茶叶见底。如果在喝茶过程中有新客人到来，主人应立即换茶，以示欢迎和尊重。

3. 品茶礼仪

当别人为自己倒茶时，应表示感谢。长辈给晚辈倒茶时，晚辈五指并拢成拳敲击桌面；平辈之间食指和中指并拢敲击桌面；晚辈给长辈倒茶时，长辈用食指敲击桌面。

品茶时应小口细品，避免大口吞咽或发出声响，体现自身的教养和对茶的尊重。端茶杯的姿势应以右手手持杯耳，若无杯耳则以右手手握茶杯中部，避免动作粗鲁或不卫生的端茶方式。

4. 仪表与环境

泡茶者应着装整洁举止大方，避免浓妆艳抹或怪诞装束。指甲不宜过长且干净整洁，以免影响茶的卫生和品质。

布置茶席时应结合艺术性和实用性，一个精心设计、清雅有致的茶席不仅代表主人对环境的更高追求，也是对茶品和宾客的尊重。

在座位排列上，按照长者为尊、师者为尊、女士优先的原则依次入座。

5. 特殊礼节

如在斟茶时使用“凤凰三点头”的方式寓意欢迎，斟茶时只斟七分满暗寓“七分茶三分情”之意。

放置茶壶时壶嘴不能正对他人，以免产生请人离开的误会。斟茶时切忌让茶水洒落在桌上或衣物上。

二、多彩的婚俗茶礼

（一）婚俗茶礼渊源

我国婚姻习俗就像一幅多姿多彩的风俗画长卷。我国各民族婚俗的许多礼仪又与茶结下了不解之缘。吴自牧的《梦粱录》中曾记载，南宋时杭州富裕之家就已经“以珠翠、首饰、金器、销金裙褶，及缎匹茶饼，加以双羊牵送”，作为行聘之礼。到明代以茶定亲行聘之俗更得到了进一步的肯定。郎瑛在《七修类稿》中提到，“种茶下籽，不可移植，移植则不复生也，故女子受聘，谓之吃茶。又聘以茶为礼者，见其从一之义”。茶树又是长绿树，以茶行聘，不仅象征着爱情的坚贞不渝，而且象征爱情的永世长青。从唐代将茶作为高贵礼物伴随女子出嫁，到宋代的“吃茶”订婚，以后“吃茶”又成为男女求爱的别称，茶和婚姻的关系越来越密切，成为婚俗中不可缺少的内容。

（二）汉族婚俗茶礼

在中国许多汉族社区，至今仍把订婚、结婚称为“受茶、吃茶”，把订婚的定金称为“茶金”，把彩礼称为“茶礼”。这些名称源自古代的婚俗，当时男方给女方送的礼品中都包括茶叶。传统上，订婚仪式要求男方送上茶叶等礼品，以示诚意。在收到彩礼后，女方需回赠嫁妆和陪奁，完成婚约。这种以茶为媒介的礼仪，反映了茶在婚礼中的重要作用。

在福建和台湾一带，传统的婚礼被称为“三茶天礼”，包括订婚时的“下茶”、结婚时的“定茶”及入洞房时的“合茶”。这个习俗展示了茶在婚礼每一个重要环节中的地位。例如，订婚时女子要端甜茶给男方家人品尝，表示对未来公婆的尊敬；结婚时新人会向宾客敬茶，以此表达谢意和祝福。

湖南等地也有“三茶”的风俗。当媒人上门提亲，女家以糖茶甜口，即“一茶”，含美言之意。男子上门相亲，女子就会递清茶一杯，即二茶。男方喝茶后将贵重之物置于茶杯中送还女方，如果女方收受，这门婚事已达成。洞房前夕，还要以红枣、花生、桂子、龙眼泡茶招待客人，即三茶，有早生贵子之意。这三次喝茶，既受父母之命，又有媒妁之言。

湖南北部的洞庭湖地区则流行交杯茶，新婚夫妇拜堂入洞房前饮用。交杯茶具用小茶盅，茶水为煎熬的红色浓汁，要求不烫也不凉。由男方家的姑娘或姐嫂用四方茶盘盛两盅，双手献给新郎新娘，新娘都用右手端茶，手腕互相环绕。一饮而尽，不能洒漏茶水。交杯茶象征夫妻恩爱，家庭美满。

（三）少数民族婚俗茶礼

云南苍山脚下的白族在婚礼中有一种独特的三道茶仪式。新郎新娘要向宾客敬上苦茶、甜茶和回味茶，每种茶都有不同的寓意。苦茶代表生活的艰辛，甜茶代表婚姻的甜蜜，回味茶则寓意生活的回味无穷。通过这一仪式，新人表达了对婚姻生活的期望和对未来的祝福。

德昂族就有“以茶为媒”传统习俗。德昂族的未婚男女都有自己的组织，男青年的头目叫“叟色离”，女青年的头目叫“叟色别”。头目的职责是负责组织未婚男女的社交活动，以寻找意中人。若某小伙子钟情某姑娘时，便会在夜间，到姑娘家的竹楼前，低声吟唱或轻吹芦笙。姑娘若无意，便不出门搭理；若开门迎进，并在火塘上烧煮好茶请小伙子喝茶、嚼烟，那就意味着姑娘也有意了，这就是以茶为媒。

侗族则流行着一种“说茶”之礼。族媒人前去说媒只带两个“棕片包”，黄草纸包装的半斤盐巴和白皮纸包装的二两茶叶。女家父母见媒人送来“棕片包”，就知道是来说亲的。媒人和女家当场交换意见后，如果女家收下“棕片包”，并且用盐、茶、糯米面、黏米面、猪油等烧成油茶，端进堂屋敬奉祖先后，招待媒人，就表示说媒成功，婚事已定。如果女家不收这份“棕片包”，退还媒人，则表示女家不同意这门亲事，说媒告吹。

三、悠久的祭祀茶礼

（一）祭祀茶礼渊源

在中国历史上，茶叶不仅是日常饮品，还承载着丰富的文化和宗教意义，尤其是在祭祀活动中，茶的重要性逐渐凸显。从西汉时期开始，茶已被作为祭品使用，并逐步发展成多种祭祀仪式中不可或缺的一部分。

在陕西咸阳市汉景帝的汉阳陵中，考古学家发现了保存完好的古代茶叶遗存，这些嫩芽品质的茶叶距今已有2100多年。这表明，早在西汉时期，茶已经出现在中国的皇家宫廷中，并且可能被用于祭祀活动。

长沙马王堆西汉古墓出土的文物中有茶叶随葬品，显示出2100多年前中国已有此习俗。古人认为茶叶具有洁净干燥作用，有利于遗体保存，因此茶叶成为重要的随葬品。

据历史记载，在清代宫廷祖陵祭祀时常用茶叶作为祭品。例如，同治十年（1871年）冬至大祭时有“松罗茶叶十三两”的记载。这表明茶叶在皇家祭祀中的重要作用。

法门寺地宫出土了目前世界上发现时代最早、等级最高的唐代宫廷茶具，进一步证实了茶在唐朝祭祀中的重要地位。这些茶具封存了1100多年，是茶文化的重要历史见证。

（二）汉族祭祀茶俗

以茶水为祭：在中国民间传统中，用茶水祭天、地、神、佛或祭鬼魂是非常常见的。无论是汉族还是少数民族，这种风俗都广泛存在。例如，广东、江西地区清明祭祖时，常将一包茶叶与其他祭品摆放于坟前，或在坟前斟上三杯茶水。

消除异味与保佑平安：在旧时的福建福安地区，风水先生会在挖穴埋葬前撒茶叶等物品，并将收集起来的物品装袋悬挂在家中，称之为“龙籽袋”。这象征茶叶能驱妖除魔，保佑子孙平安。

避免迷魂汤与清醒保持：在安徽寿县等地的丧葬习俗中，死者手中要放置一包茶叶，以避免其在阴间喝迷魂汤，从而保持清醒。这种习俗反映了茶在人们心中的神秘力量。

（三）少数民族祭祀茶俗

湘西苗族聚居区旧时有流行祭茶神的习俗，祭祀分早、中、晚三次：早晨祭早茶神，中午祭日茶神，夜晚祭晚茶神。祭茶神仪式极为严肃，禁止细微的笑声。因为在苗族传说之中，茶神穿戴褴褛，闻听笑声，就不愿降临。因此，白天在室内祭祀时，不准闲人进入，甚至会用布围起来。倘若在夜晚祭祀，也得熄灯才行。祭品以茶为主，辅以米粑、纸钱、簸箕等，也放些纸钱之类。

云南西双版纳傣族自治州基诺山区的一些兄弟民族还有祭茶树的习俗，通常在每年夏历正月间进行。其做法是各家男性家长，在清晨时携一只公鸡，在茶树底下宰杀，再拔下鸡毛连血粘在树干上，边贴还要在口中念叨：“茶树茶树快快长，茶叶长得青又亮。神灵多保佑，产茶千万担”等吉利话，以期待茶叶有个好收成。据说这样做，就会得到神灵保佑。

藏族人民更是把茶视为圣洁之物。据《汉藏史集》记载，藏族把茶奉为“天界享用的甘露，偶然滴落在人间”，在藏传佛教中“诸佛菩萨都喜爱，高贵的大德尊者全都饮用”。因此，藏民向寺庙供奉的“神物”中必有茶叶。每到藏族的重大宗教活动时，如萨嘎达瓦节、雪顿节中，茶也是主要的供品。至今拉萨的大昭寺、哲蚌寺还珍藏着上百年的陈年砖茶，并被僧侣们作为护神之宝。到寺院礼佛的人，都必须熬茶布施，所以藏族人到喇嘛教寺院礼佛布施，也俗称为“熬茶”。

（四）独特的寺庙茶礼

寺庙茶礼的起源是与禅宗的兴起和佛教文化在中国的传播密切相关。

魏晋时期，佛教开始在中国盛行，茶与佛教的关系逐渐密切。东晋时期的怀信和尚在《释门自镜录》中提到僧侣饮茶的情况，但当时并未形成普遍风俗。唐朝是佛教在中国大为兴盛的时期，也是禅宗开始兴起的时候。据封演《封氏闻见记》记载，开元年间（713—741 年）泰山灵岩寺有降魔师大兴禅教，学禅务于不寐，又不夕食，皆许饮茶。从此，僧人饮茶逐渐成为风俗。同时，产生了“茶禅一味”说，将茶与佛理结合起来，寺庙开始大兴茶事，但尚未形成严格的礼仪规范。

随着禅宗的发展，借茶参禅成为日常重要活动，以茶待客也逐渐发展成为接引众生或与人话禅的重要方式。唐代寺院大量用茶供养三宝（佛、法、僧），并招待香客，形成一套顺应佛教仪轨的茶礼。唐朝末年，怀海和尚创制《百丈清规》，将僧人饮茶纳入戒律之中，有了最初的寺庙茶仪。《百丈清规》对僧人的日常生活习惯进行了规范，明确了茶在僧人生活中的重要性，规定了具体的饮茶时间和方式。

寺庙茶礼不仅仅是一种饮茶行为，更是一种具有深刻文化内涵和严格礼仪规范的宗教仪式。从魏晋到唐宋，茶礼逐步规范化，成为佛事活动中不可或缺的一部分，并在不断传承和发展中融入了丰富的文化内涵。

1. 夹山禅茶

夹山禅茶起源于湖南省石门县的夹山寺，已有 1100 多年的历史。870 年，夹山祖善会开创了将饮茶与参禅融为一体的禅茶文化，并逐渐形成了一套规范的饮茶程序。夹山禅茶强调“茶禅一味”，其演示程序分为八道，寄寓着“不比较、不计较、随缘住、观自在”的禅茶精神。这一习俗不仅适用于僧人独饮和群饮，还适用于僧俗同饮的场合。

夹山禅茶习俗远播海内外，对日本、韩国等国的茶道产生了深远影响。2016 年，夹山禅茶习俗被列入“湖南省非物质文化遗产代表性项目名录扩展项目名录”。

图 3.1　夹山寺

2. 灵隐寺茶文化

灵隐寺设有专门的茶堂，用于禅僧辩论佛理、招待施主以及品尝香茶。茶堂是僧侣们进行茶事活动的重要场所。寺院内设有茶鼓，用于召集僧众饮茶，而“茶头”则负责掌管烧水煮茶和献茶待客。这些设置显示了茶在寺庙生活中的日常重要性。

灵隐寺的茶礼不仅是饮茶，还包括用茶敬佛、敬师、献宾客，通过这些活动进行佛教教育。僧侣们在泡茶、喝茶的过程中实践“茶禅一味”的理念，达到心灵的净化和提升。

3. 余杭径山寺茶宴

余杭径山寺在宋代举行盛大的茶宴，推广了把嫩芽茶研成粉末并用开水冲泡的“点茶法”。这种茶宴对促进民间饮茶习俗的普及起到了重要作用。

径山寺的茶宴不仅是品茶，还是僧侣教育和修养心性的重要活动。茶宴上，僧侣们通过品茶、辩论佛理，加深对佛法的理解。

4. 赵州禅茶

赵州从谂禅师常以“吃茶去”三字接引学僧，使此三字禅语流布天下丛林。他不仅自己喜欢吃茶，还将其融入禅宗修行，体现了茶与禅密不可分的关系。在赵州禅寺，茶不仅是僧侣们的日常饮品，还是参禅悟道的重要工具。僧侣们通过每日的饮茶活动，体验禅修的心境。

总的来说，中国的寺庙茶俗不仅局限于宗教仪式中，还深入到日常生活中，形成了独具特色的地方文化。通过对寺庙茶俗的了解，可以更好地认识中国茶文化的丰富性和多样性，从而更全面地理解中华传统文化的精髓。

任务二　少数民族特色茶俗

茶俗是我国民间风俗的一种，它是中华民族传统文化的积淀，具有较明显的地域特征和民族特征。我国地域辽阔，人口众多，民族众多，饮茶习俗千姿百态，各呈风采。

一、藏族酥油茶

藏族人口聚居区饮茶的类别较多，制茶的方法也有所不同，大致可分为清茶、酥油茶、奶茶、甜茶、面茶、油茶、糌粑茶等，日常生活中以酥油茶为主。

酥油茶是藏乡群众日常生活所必需的一种饮品，也是藏族人民待客、祭祀等活动不可或缺的用品。酥油茶多作为主食与糌粑一起食用，其多用酥油和浓茶加工而成，先将适量酥油放入特制的桶中，佐以食盐，再注入熬煮的浓茶汁，用“甲洛”（藏语，意为木质活塞）上下反复用力按压，直至酥油、盐、茶水乳交融后加热便可饮用。酥油茶所用的茶叶多为产自云南的紧压茶类中的普洱茶、金尖等。

千百年来，高寒缺氧的生存环境，使藏族人民形成了独具高原特色的饮食文化。在西藏，富含脂肪的酥油既能提供热量，又能外用保护皮肤，是藏族人民抵御严寒、补充能力的关键，而酥油茶中的茶叶多为砖茶，含鞣酸多，可以刺激肠胃蠕动加快消化。高原人民喜食牛羊肉而少食蔬菜，饮用茶叶可以补充身体所需的维生素。

酥油茶是藏区生活的基本元素，饮用酥油茶时的茶礼也体现出对客人的尊重和对传统文化的传承。初次到访藏族人家或参加藏族活动时，主人会敬上一杯浓香扑鼻的酥油茶，这是对客人的最高礼遇。在饮用酥油茶时，客人不应一口气喝完，而是应该小口慢饮。在敬茶过程中，还有一套尊卑有序、长幼有序、主客有序的规则，家中煮好的茶首先会斟献给佛堂、父母、长辈。敬茶人会遵循“碗常满，茶常温”的原则。饮茶人也有礼仪，饮茶前用右手无名指在茶碗中蘸少许茶，手指举起，在空中弹洒三次，表示奉献给佛、法、僧。饮茶时不要一饮而尽，留一半茶水在杯中，喝茶时不要发出声音。喝茶前轻轻吹开酥油茶面上的浮油待主人添满再喝 ，以此来反复，最好是喝三碗，若客人茶杯已经斟满不能再喝时，便不必再拿起茶碗，等到将辞别时，再将杯中的酥油茶一饮而下，表示对藏族主人热情招待的感谢。

二、蒙古族咸奶茶

“一方水土养一方人，一方文化孕育一方魂”。与藏族同胞用酥油加工制奶茶不同，蒙古族人推崇的咸奶茶就像他们民族性格一样豪迈与热情，牛乳与茶叶的融合，既是自然的馈赠，也是游牧文明和中原文明在相遇时撞击出的耀眼火花。这种奇妙的融合，是把茶叶，牛奶和盐直接煮在一起而成的咸香奶茶。

咸奶茶所用茶大多是青砖茶、黑砖茶等，以铁锅煮，这与藏族同胞用茶壶制作酥油茶有所不同。煮咸奶茶实际上非常注重技巧，每一位蒙古族妇女都将其视为家传技艺，而且新婚后，会将煮茶技艺展现给客人，以显示家庭教导有方，并使之成为家庭生活中不可或缺的一部分。由于内蒙古高原气压低，沸点通常不到100℃，且砖茶质地比散茶更为紧实，因此在制作咸奶茶的过程中，应先把砖茶打碎，将约25克茶叶放在干净的铁锅中加2 ~ 3千克水煮制，待水沸腾3 ~ 5分钟时，加入约500克牛乳，茶叶、水、牛乳的比例一般为1 ： 100 ： 20。最后根据口味加入适量食盐。等奶茶再次沸腾，就制作完成了。

制作咸奶茶时的先后顺序、烧煮时间、配料比例都会影响口感。因此蒙古咸奶茶不仅是当地人的生活必需品，对于消除疲劳、促进消化、补充能量和钙有独特功效，也体现了当地的文化礼仪和传承技艺。在内蒙古牧区，当地居民的饮食习惯为“一日三餐茶，一顿饭”。即一天三次饮茶和晚上一餐。每天一大早，家中的主妇首先会煮上一锅咸奶茶，供全家一整天饮用。蒙古族人早晨喜欢边喝热奶茶边食用炒米，并且会把剩下的奶茶放在小火上保温，以便随时饮用。此外，若有客人访问，蒙古族主人会首先倒上香气四溢的奶茶来表达对客人的热情欢迎，若不这样做则被视为对客人的不敬。

三、维吾尔族奶茶

新疆地域辽阔，约占中国面积的1/6，总面积达166万平方千米。“三山夹两盆”的地貌中，天山横亘中部，把新疆分为南疆和北疆两大部分。由于山脉阻隔，南北两疆气候各异，因此，分散于新疆南北的维吾尔族人的生活生产方式也有所不同：北疆的维吾尔族人以畜牧业为主，而南疆的维吾尔族人则以农业生产为主。正是由于气候环境条件的限制。天山以北（北疆）的维吾尔族人多喝奶茶，天山以南的维吾尔族人则饮用加入香料的香茶。

维吾尔族奶茶与藏族咸奶茶相似，不过维吾尔族奶茶多用产自湖南的黑毛茶制成的茯砖茶。茯砖茶属于全发酵茶，其中的茶多酚、咖啡碱、儿茶素等内含物质可以促进消化、提高脂肪代谢率，对于喜食牛羊肉的维吾尔族人大有益处。维吾尔族奶茶的做法是：先将茶叶放入铝锅或壶里的开水中煮沸，放入鲜牛奶或已经熬好的带奶皮的牛奶，放入的奶量是茶汤的1/5或1/4，之后再加入适量的盐，沸腾5分钟后即可饮用。喝奶茶时常伴以馕等，馕是用小麦面做的一种大小厚薄不一的圆形饼，在特制的馕坑中烤熟，味香而脆，可以贮存较长时间而不变质。

对于北疆维吾尔族牧民来说，一般情况下每日两茶一饭，“茶”就是指奶茶，有些中老年牧民还得在每天的上午和下午各加一次茶，有的甚至一天要喝七八次。奶茶不仅被当地人所喜爱，也是招待远方来客的佳品。好客的维吾尔族在有客人来访时，一定会向客人敬茶，以表示欢迎。在敬茶的礼仪中，须遵守长幼有序的道理，长者先入内并坐在首席，其他客人再依次入座，待宾主双方问候完毕后，主人会左手持水盆，右手提洗手壶，给客人倒水洗手，冲洗三遍过后，客人要垂手等主人递上洁白的毛巾，将手擦干。洗完手后，开始品尝点心并进行最为重要的敬酒环节，主人摆上的各种瓜果点心都要品尝一点，不可拒绝。随后便是向客人敬茶，一般由女主人用托盘向客人敬第一碗茶，从第二碗开始则由男主人敬，倒茶时要缓缓倒入茶碗内，茶不能满碗。在一边谈事叙谊，一边喝茶进食的同时，女主人始终会站在旁边敬茶劝吃。如果客人已经吃饱喝足，按照当地的习惯，只需要在主人献茶的时候，用右手分开五指，轻轻地在茶碗上一盖并表示：“谢谢！请不用再加了。”这个时候主人也就不再加茶。

四、回族八宝盖碗茶

图 3.2　八宝茶

回族主要分布在我国宁夏回族自治区，信仰伊斯兰教。宁夏地区回族人的饮食以牛羊肉、奶制品为主，而茶叶中存在的大量维生素和茶多酚等内含物质，有助于去油除腻、帮助消化、提神醒脑，所以自古以来，茶一直是回族同胞的主要生活必需品。回族茶文化历史悠久，喝茶名目繁多，以八宝盖碗茶、麦茶、罐罐茶较为著名。

全国各地回族把沏盖碗茶叫转盖碗子、抓盅子，喝茶则叫刮碗子。饮茶时先将碗盖在茶碗表面刮几下，将浮在茶汤表面的茶叶刮到一边。宁夏回族八宝茶是回族盖碗茶的典型，八宝盖碗源于盛唐，其茶具制作玲珑精巧，由茶盖、茶碗、茶托三部分组成，故又称为“三泡台”“三才杯”，盖为天，托为地、碗为人，体现了中国古代“天人合一”的思想。

八宝茶精选枸杞、桂圆、葡萄干、红枣、芝麻、沙枣、果干、玫瑰酱、冰糖、茶叶（不少于八种配料）而成，富含多种营养成分，它能祛寒健胃，提气补脾，明目清心，延年益寿。八宝盖碗茶中的配料都是健脑健身的食物。如芝麻，味甘性平，能补血、润肠、增智、养发；桂圆有丰富的营养和滋补作用，它以滋补营血，安神养心，补灵长智，开胃养脾著称；宁夏枸杞是驰名中外的滋补佳品，有滋肝补肾、生精益气、补虚安神、祛风明目等功效。实践证明，回族的八宝盖碗茶，注重科学配方，是良好的养生食品之一。回族八宝茶口感清香醇正，营养丰富，是走亲访友，敬献老人的上乘佳品。

五、白族三道茶

白族散居在我国西南地区，主要分布在风光秀丽的云南大理。白族喜好饮茶，饮茶习俗独具特色，尤其以三道茶最为著名。

图 3.3 白族三道茶

在节日庆典、婚礼、拜师等重要日子，或是有亲朋好友造访时，常用三道茶来招待客人。所谓“三道”，包括“一苦、二甜、三回味”。三道茶各有不同的制作技巧和原料。

第一道茶称为“苦茶”，象征着人生的“先苦后甜”。在制作这种茶时，先将茶叶放入小砂壶中，置于炭火上轻烘至叶子发出啪啪声，颜色变黄，焦糖味浓时，迅速倒入沸水。由于茶叶经过烘焙和煮沸，所以茶色似琥珀，有焦香气味，口感苦涩，因此称为苦茶。

第二道茶称为“甜茶”，由主人在客人品尝完第一道茶之后再次用小砂罐准备。他们会在茶中加入适量的红糖、蜂蜜、芝麻、核桃仁和烘烤的乳扇——一种大理特有的乳制品。煮好的茶倒入盅中，这种茶香甜可口，象征着人生需要经历苦难才能尝到甘甜。

接下来是第三道茶“回味茶”，其中混合了桂皮、生姜、花椒、松果粉和蜂蜜。这杯茶味道复杂，辛辣、苦涩与甜味并存，饮后余味悠长，提醒人们要常常反思人生，忆苦思甜。

品茶如品人生，淡雅而深刻。细品茶香，可体味其中蕴含的智慧与独特魅力，亦能领略生命的美好与豁达。品味白族的“三道茶”，理解人生“先苦后甜”的哲理，对于白族当地弘扬民族传统文化、建设美好和谐社会都有着重要作用。

六、侗族打油茶

侗族油茶流行于云南、贵州、湖南、广西等地的侗族聚居区。据史料记载，侗家人喝油茶始于唐代，已有上千年的历史。喝油茶，一般还配有糯米饭，油茶泡冷米饭和糯米饭是传统喝法。因侗族人世世代代居住在高寒山区，侗族油茶能御寒防病，还有生津解渴、提神醒脑、解除疲劳，故喝油茶的习俗长久保留下来。因其味微苦，所以又被称为“侗族咖啡”。在节日庆典或家中迎接亲友时，侗族人常用精心制作的油茶招待来宾，当地人称这个过程为打油茶。

制作油茶一般分为四个步骤。首先是选择茶叶，可以选用专门烘焙的茶末或是新鲜的嫩茶梢，具体取决于个人的口味偏好。接下来是准备食材，常用的有花生米、玉米花、黄豆、芝麻、糯米粑和干笋等，这些材料需提前准备好。制作油茶的第三步是点火。先将锅烧热，倒入适量的食用油，当油烟开始升起时，迅速加入适量的茶叶翻炒至茶香四溢，随后撒入少量芝麻和食盐，炒匀后加水盖上锅盖，煮沸 3 ~ 5 分钟，便可将油茶连同汤料舀出，装碗准备饮用。家庭制作的油茶，香气扑鼻、口感爽滑、味道鲜美。若油茶是为庆典或宴请准备的，则需进行第四步，即配茶。这一步骤包括先将准备好的食材炒熟，然后放入茶碗中，将炒好的油茶汤过滤去渣后趁热倒入装有食材的茶碗，供宾客享用。

一般当主妇快要把油茶打好时，主人就会招待客人入座。喝茶时，主人只给你一根筷子，如果你不想再喝时，就将这根筷子架到碗上，主人就不会再斟下一碗。而对于饮茶人而言，一般要吃三碗，否则会被认为是对主人不尊敬。在吃茶过程中，客人为了表示对主人热情好客的感谢，会赞美油茶鲜美可口，主人手艺不凡。侗族同胞过年时招待同胞的油茶特别有讲究，客人通常要吃四道油茶，又称为“一空、二圆、三方、四甜”。“一空”指的是第一道油茶里只放米花、油果、花生米、猪肝、瘦肉、粉肠等，不放别的主食。“二圆”指的是第二道油茶在第一道油茶的基础上添加了汤圆。“三方”指的是第三道油茶在第二道油茶的基础上添加了方形糍粑。“四甜”是指最后一道油茶是甜的，让客人喝糖水，润润喉，清清嘴。这四道油茶有着美好的寓意。“一空”是告诉我们要清空所有的私心杂念；“二圆”是所有的人都能够团团圆圆；“三方”指的是做人要方方正正；“四甜”是今后的生活甜甜美美，幸福永远。这四道油茶既体现了侗族的民族风情，也表达了对客人的美好祝愿。

七、傣族竹筒茶

在中国的少数民族之中，傣族是历史比较悠久的民族之一，他们主要居住在西双版纳和德宏地区。在傣族居住区内，独特的地理环境为茶树的生长提供了有利条件，所以傣族自古就是饮茶民族，有很多饮茶习俗，其中竹筒茶被认为是最为高贵的茶饮。傣族竹筒茶，傣语称“腊跺”，是云南南部和西南部地区傣族人民世代相袭的一道待客的传统茶饮，已有 200 多年历史。竹筒茶兼具竹香、茶香、糯米香，其色金黄透亮，饮用给人以耳目一新之感，具有生津止渴，健体美容之效。

在西双版纳耿马的名山户南山中，植被覆盖率很高，山上分布着很多古茶树，它们所产的优质茶叶就是傣族竹筒茶的主要原料。古茶树的茶叶非常珍贵，所以傣族竹筒茶也就因此而贵重，之前只能作为贡品献给土司享用。想要制作高品质的竹筒茶，就必须对茶叶严格要求。在海拔 1500 米以上的山腰，大叶种茶树的茶叶被采摘下来，制作成陈年的毛茶。虽然制作的工艺并不复杂，但需要十足的耐心，让茶叶在时间的缓慢流逝之中自然发酵。其制作过程分为四个步骤：装茶、烤茶、取茶、泡茶。毛茶装进竹筒之中，需要用香樟或者橄榄树做成的木棒来用力捣紧，一直到竹筒被填满为止。装满了毛茶的竹筒在封闭好之后，要架在小火之上进行烘烤，每 30 秒钟旋转一次竹筒，让它均匀受热。在小火慢烤的过程之中，茶叶持续发酵，而竹子也在炙烤之下渗出了汁液，它们和茶叶交融在一起，缔造出了不同寻常的香气。当烤茶人感受到香味一阵阵扑鼻而来的时候，他们就会将竹筒从火上卸下来，让它自然冷却。然后，用刀打开竹筒，那里面的茶已经变成了紧实的圆柱形茶柱，不仅易于存放，而且还有了独特的傣族味道。

在傣族人民的生活中，竹筒茶是一种重要的饮品和文化符号，在日常繁忙的劳作间隙，享用一杯竹筒茶，让人心旷神怡。竹香与茶香相融，仿佛身处于绿水青山之间，回味无穷。在节日庆典、婚丧嫁娶等场合也会用竹筒茶招待客人，让客人体验到当地人民的热情好客和浓郁的民族风情与地方特色。

八、拉祜族烤茶

拉祜族主要分布在云南澜沧、沧源、耿马、勐海一带，这是一个以茶相伴的民族，茶园就在家园旁。他们喜欢采取新鲜的雨水茶做烤茶。烤茶是拉祜族一种古老且传统的饮茶习惯，这种方式至今仍被广泛采用。

一般来说，烤茶的制作过程包括四个基本步骤。第一步是将小陶罐放在火塘上，用温火加热后放入适量茶叶，并轻轻翻炒以确保热量均匀分布，直到茶叶变黄并散发出焦糖般的香味。第二步是冲泡茶叶，将沸水倒入装有茶叶的小陶罐中，立刻去掉表面的浮沫，再次加满沸水，保持沸腾 3 分钟后即可饮用。第三步，将烤好的茶倒入茶碗，恭敬地为客人奉茶。最后一步是品味茶汤，拉祜族人认为，只有香气浓郁、味道浓烈的烤茶才能提神醒脑，被视为上乘好茶。他们喜欢热饮烤茶，认为其能清热解毒、提神醒脑、止咳和清凉。

拉祜族的饮茶习俗与其他兄弟民族的饮茶习俗有许多相似之处，也保留自己的独特的习惯。拉祜族独特的习惯是在泡好茶水后第一道由主人先饮用，饮用前先用食指和拇指蘸一点茶水弹向火塘边，表示祭神，再一饮而尽。之后依照先老人、后客人的顺序由左至右端敬茶水。头道茶自己喝，二道茶敬远客的意思是把苦的留给自己，好的敬给客人。敬茶也很讲究礼节，茶不能倒太满，双手合一奉茶，慢慢上举，目视对方，将茶水递给客人，奉茶结束后不能转身，只能倒退回原位。拉祜族人每天三次喝茶，茶谚说早上起来不喝茶，有酒有肉难吃下；中午出工不喝茶，干活不有气渣渣；晚上回家不喝茶，一天劳累难解下。

茶在拉祜族的生活中具有特殊意义，拉祜族生活中离不开茶。拉祜族把茶视为砍刀，无论做任何事情要以茶开路，无论是喜事、丧事、祭祀，还是动土伐木，山中过夜都用到茶叶。

这些茶俗不仅体现了拉祜族对茶的深厚情感和独特理解，也展示了他们在长期的生活实践中形成的独特文化和习俗。

任务三　中国各地域缤纷茶文化

一、西南茶区——古韵悠长

西南地区，尤其是云南、四川、贵州、西藏等地的少数民族饮茶习俗，较为人们熟知，但汉族群体中同样保留着一些传统且独特的饮茶方式。

成都盖碗茶：“四川茶馆甲天下，成都茶馆甲四川”。成都的茶馆是成都人休闲生活的重要场所，多位于闹市街头，茶铺、茶楼、茶坊林立，透着现代的繁华气息，而其古朴的装修风格却又带着雅致闲适。茶是成都人日常生活的重要组成部分，随时可见茶馆中悠闲的茶客。长嘴大茶壶、瓷盖碗，是成都茶馆中常见的茶具。“茶博士”长嘴壶冲茶的手法多样，如同精彩的杂技，令人叫绝。

擂茶：擂茶是西南地区一种独特的饮茶方式，尤其在湖南、湖北等地的汉族社区非常流行。制作擂茶时，将茶叶与芝麻、花生仁、草药等混合后擂碎，再冲入沸水。这种茶不仅作为日常饮品，还具有一定的药用价值，可以解毒充饥，强身健体。

油炒茶：油炒茶在西南某些山区的汉族居民中较为普遍。制作时，先将茶叶炒制至香，再用油炒，最后加水煮开，茶汤加入食盐、花生、炒米等佐料，既可直接饮用，也可与主食搭配。这种茶饮既能解渴提神，也是待客的重要饮品。

酥油茶：虽然酥油茶主要与藏族关联，但在云南西北部与西藏接壤的地区，部分汉族居民也采用这种饮茶方式。制作时，将熬制的浓茶汁与酥油、盐混合搅拌，形成乳化状态的茶汤。酥油茶味道独特，能提供高热量，是抵御高原严寒的重要饮品。

三道茶：虽然三道茶源自白族，但在云南部分地区的汉族社区也有类似习俗。这三道茶分别代表苦、甜、回味的过程，寓意人生先苦后甜，再通过回味体会人生的真谛。第一道"苦茶"用文火慢烤茶叶至发泡呈黄色，再用沸水冲泡；第二道"甜茶"加入红糖、核桃仁、桂圆等配料；第三道"回味茶"则加入花椒、肉桂粉和蜂蜜等。

雷响茶：雷响茶是云南南部汉族特有的饮茶方式。制作时，将茶叶放入被烤烫的小沙罐中，用文火烘烤至发泡，加入沸水后发出雷鸣般的声响。这种茶饮香气浓郁，味道醇厚，深受当地人民喜爱。

二、华南茶区——热带风情

华南地区，尤其是广东、广西和海南等地，因其特定的地理、气候条件及经济发展状况，形成了独具特色的茶文化。

广府饮早茶：广府饮早茶习俗产生于清代，随着现代茶楼的出现逐渐盛行。广州人把上茶楼饮早茶称为"叹茶"，其中"叹"在粤语中意为"享受"。这种饮茶方式配以点心，如肠粉、烧卖、蛋挞等，成为广府饮食文化的重要组成部分。名茶楼如广州酒家、陶陶居等，至今仍是当地人社交和家庭聚会的重要场所。

图 3.4 广式早茶

潮州功夫茶：潮州功夫茶是另一种极具代表性的华南饮茶习俗，强调茶具的精致和烹制技艺。功夫茶讲究茶叶的本质、茶具的配备精良以及烹制方法。茶客们小杯小杯地品味，特别注重品茶的礼节和程序。这种茶艺不仅是一种生活享受，更是中国茶文化精神的一部分。

瑶族油茶：广西地区的瑶族有独特的油茶习俗，被称为"恭城油茶"。这种油茶制作过程复杂，包括反复捶打、油炒、沸腾、过滤等步骤，最终形成的茶汤香气浓郁，是当地文化的重要体现。2020 年，瑶族油茶习俗被列入国家级非物质文化遗产代表性项目名录。

海南老爸茶："老爸茶"在海南具有悠久的历史传统，这种饮茶方式最初由琼籍华侨从东南亚带回海南，是本地居民与地理环境、历史传统融合而衍生出来的具有海南独特地方特色的饮食文化，老爸茶习俗被列入海南省级非物质文化遗产代表性项目名录。老爸茶是海南人的一种生活方式，具有广泛的群众基础，是海南市井文化的缩影，老爸茶店是海南人劳作间的"驿站"，茶馆内除了茶饮，还供应各类海南特色小吃，成为海南旅游的"打卡名片"。

广西擂茶：广西地区的擂茶习俗也非常独特。擂茶的制作是将茶叶与芝麻、花生仁、草药等混合后擂碎，再冲入沸水而成。这种茶不仅作为日常饮品，还具有一定的药用价值，既可解毒又可充饥。

锅帽茶：布朗族同胞喜欢饮这种在火上烤焙的锅帽茶。茶叶与木炭结合的独特制作方法，使这种茶具有独特的香味和口感。

虫茶：虫茶并非真正的茶，而是由特定昆虫取食茶叶后产生的排泄物制成。这种茶香气四溢，口味醇和，药性温和，主要产于贵州、湖南、广西等地。

三、江南茶区——水乡柔情

江南不仅是中国的经济发达地区，也是茶文化的重要发源地之一。这里饮茶习俗源远流长，至今仍保留着许多传统和独特的饮茶方式。

苏州吃茶：苏州旧时有"早上皮包水，下午水包皮"的习俗，其中"皮包水"即指泡茶馆吃茶。老茶客们每天清晨便按时到茶馆"吃板茶"，并在此完成早餐。苏州茶馆大都设有书坊，人们可以在此听书、下棋、打牌、品画、赏花。这种茶馆文化不仅提供了休闲的场所，还兼具信息交流和社交功能。

杭州龙井茶：杭州地区以产龙井茶著称，当地人饮茶习惯自然也与龙井茶密切相关。龙井茶制作工艺讲究，外形扁平光滑，色泽翠绿，香味浓郁。杭州人喜欢用小龙壶冲泡龙井茶，茶汤清澈明亮，味道鲜爽回甘。这种泡茶方式不仅能充分展现龙井茶的品质，还体现了一种精致和谐的生活态度。

无锡盖碗茶：无锡地区的盖碗茶同样颇具特色。盖碗茶具上为盖、下为托，中有碗，形似三才碗，寓意天地人合一。沏盖碗茶时，人们会在碗中放入茶叶、碎核桃仁、桂圆肉、红枣、冰糖等，然后冲入沸水，盖上盖子。这种泡法不仅茶香四溢，还兼具养生功效。

扬州教场茶：扬州的教场茶也是江南饮茶习俗中的一朵奇葩。教场茶起源于明代，因设在教场附近的茶馆而得名。这种茶制作时，先将茶叶炒制，再用特制的茶炉煮水沏茶。教场茶的特点是香高味浓，久煮不败，既能提神醒脑，又有解渴去腻的功效。

扬州人喜欢在教场茶中加入干丝、鸡丝等食材，使其成为一道独具风味的茶饮。

南京老人茶：南京地区的老人茶则是一种别具一格的饮茶方式。这种茶通常在早晨由老年人聚集在一起，边聊天边饮茶，因此得名“老人茶”。老人茶的茶叶多选用绿茶或花茶，泡法较为简单，但饮茶过程充满悠闲和温馨的氛围，成为南京人社交和休闲的重要形式。

四、江北茶区——北国风情

江北地区的饮茶习俗融合了江南茶文化的精致美和北京茶文化的贵族气质，形成了独特的茶文化风格。江北地区地处秦岭淮河以南、长江以北，其茶文化受到江南茶文化与北京茶文化的双重影响，既追求精致美感，又具有大气贵族气息。

苏北“吃茶”文化：在苏北地区，饮茶被称为“吃茶”，而“茶宴”是体现“吃茶”文化的最直接方式。这种文化追求色、香、味、形、器俱佳，体现了苏北地区饮茶文化的独特魅力。苏北的茶馆中，建筑风格和木雕饰品等都具有古色古香的特征，使受众能深刻感受到茶文化所具有的历史感和厚重感。

大碗茶：北方人饮茶主要是为了解渴，故习惯用大茶壶泡茶，用大茶碗喝茶。过去在大街上、马路边，半路凉亭，车间工地，田间地头，到处都可看到大碗茶的茶摊或茶亭。大碗茶主要是供从事体力劳动的民众饮用，价格低廉，茶叶自然也是低档，以前一两分钱就可以喝上一大碗或是一大玻璃杯。北京“老舍茶馆”的创始人尹盛喜先生就是以卖大碗茶起家的，还专门成立了一家大碗茶公司。北京茶文化对江北茶文化的影响显著，使江北地区的茶楼更加雍容华贵，如灯笼、锣鼓、戏曲等元素与茶文化结合，让江北茶文化展现出大气特征。山东鲁北平原上的民众也一样，男女老少都要一日三遍茶，不用茶杯，只用大碗，否则不过瘾。

山西酽茶：山西人喜欢喝浓酽的茶汤，这与当地的水质有关，山西水质不好，故用浓茶来中和。一壶茶要投入一半分量的茶叶，苦得外地人不敢喝。在古县及浮山、长子等县流传着这样的歌谣：“喝了古县水，粗了脖子细了腿。要想治好病，得喝浓茶水。”外地人做客，如果嫌茶苦或倒掉，主人就很不高兴。

以茶入菜： 北方不产茶，对茶特别爱惜，尤其是一些高档茶叶，更是舍不得丢弃，就用来做菜肴。如天津人喝了龙井、碧螺春等名茶之后，就将剩下的茶芽用来炒鸡蛋或烩虾仁，别有风味。河北秦皇岛郊区的农民连冲泡后的茶渣都不忍心倒掉，低档的用来养花，高档的用来做菜肴。如将冲泡后的高档绿茶炒豆腐，先将豆腐入油锅炒两分钟，加入食盐，再将茶芽入锅一起翻炒，加少许味精和少量水，再翻炒片刻即可出锅入盘，青白分明，美观又可口。

任务四　世界各国特色茶文化

一、日本茶文化

日本茶道起源于中国，始于盛唐，成形于宋朝，在历史的发展中逐渐演变形成独具特色的日本茶文化。其被视为融合多种艺术形式的美学表现，在“日常茶饭事”的基础上发展起来，将日常生活与宗教、哲学、伦理、美感结合于一体，成为一门综合性的文化艺术活动，展现茶道与佛教禅宗之间的紧密联系。日本茶道分为抹茶道与煎茶道，但“茶道”一词指的是较早发展出来的抹茶道。通过茶会学习茶礼，修身养性，培养人的审美观与道德观，使日本茶道成为日本文化中不可或缺的一部分。

图 3.5　日本茶道

带有禅宗意味的仪式感是日本茶道的最大特色。日本茶道必须遵循规则进行喝茶活动，其顺序为更衣、观赏茶庭、初茶、茶食、中立、浓茶、后炭、薄茶、退出、衔接。整个茶会期间，从主客对话到杯箸放置都有严格规定。如进入茶室前的净手，茶勺（茶杓）、茶刷（茶筅）、茶罐（枣）等点茶用具的摆放角度，点茶者伸哪只手、先迈哪只脚、每一步要踩在榻榻米的哪个格子里等都有严格的定式，客人也在这一招一式的仪式中感受到日本茶道之美。定式的不同，也使现代日本茶道发展成了二十多个流派。

日本茶人在举行茶会时均抱有“一期一会”的心态。这一词语出自江户幕府末期的大茶人井伊直弼所著的《茶汤一会集》。书中这样写道：“追其本源，茶事之会，为一期一会，即使同主同客可反复多次举行茶事，也不能再现此时此刻之事。每次茶事之会，实为我一生一度之会。由此，主人要千方百计，尽深情实意，不能有半点疏忽。客人也须以此世不再相逢之情赴会，热心领受主人的每一个细小的匠心，以诚相交。此便是：一期一会。”这种“一期一会”的观念，实质上就是佛教“无常”观的体现。佛教的无常观督促人们重视一分一秒，认真对待一时一事。茶会通常有记录，记录的内容包括与会众、壁龛装饰、茶具、饭菜、点心等情况，有时还加入与会众的谈话摘要和记录者的评论。这种记录叫“会记”。古代有很多著名茶会的会记流传下来，成为现代珍贵的资料，《松屋会记》《天王寺屋会记》《今井宗久茶道记书拔》《宗湛日记》被称为四大会记。

茶事的种类繁多，古代有“三时茶”之说，即按三顿饭的时间分为早茶、午茶、晚茶；现在则有“茶事七事”之说，即早晨的茶事、拂晓的茶事、正午的茶事、夜晚的茶事、饭后的茶事、专题茶事和临时茶事。除此之外，还有开封茶坛的茶事、惜别的茶事、赏雪的茶事、一主一客的茶事、赏花的茶事、赏月的茶事等。每次的茶事都要有主题，比如某人新婚、乔迁之喜、纪念诞辰，或者为得到了一件珍贵茶具而庆贺等。

茶道品茶还分为“轮饮”和“单饮”两种形式。轮饮是客人轮流品尝一碗茶，单饮是宾客每人单独一碗茶。茶道还讲究遵循“四规”“七则”。“四规”指的是由千利休提出的“和、敬、清、寂”，用字简洁而内涵丰富，乃茶道之精髓。“和”强调主人对客人要和气，客人与茶事活动也要和谐；“敬”指相互承认、相互尊重，并做到上下有别，有礼有节；“清”要求主客、茶具、环境的整洁清爽；“寂”则指整个茶事活动要严肃安静、神情庄重。“清寂”强调“本来无一物”的宗旨，以寂静清净的内心面对茶道，忘却一切保持心灵的纯洁无瑕，这也代表了一种日本式审美思想——侘寂。这种精神不仅影响了日本茶道的发展，而且远远超出了茶道的范畴，扩大到了日本的建筑、服饰、庭园、烹饪、工艺、美术等各个方面。“七则”指的是：提前备好茶，提前放好炭，茶室应保持冬暖夏凉，室内要插花保持自然清新的美，遵守时间，备好雨具，时刻把客人放在心上。

日本茶道专属饮茶空间的确立，是日本茶道有别于其他茶文化的另一大特色。就其发展历程来看，日本茶道形成初期曾深受中国茶道空间观影响，且其饮茶空间面积的大小亦长时间取决于茶人拥有“唐物”茶器的多寡。品茶一般均在茶室中进行，茶居室一般以“四叠半”（约为 9 平方米）为标准，大于“四叠半”的称为广间；小于“四叠半”的称为小间。四张半榻榻米茶室最初是给仅拥有一种唐物茶器者设计的，而原本供经济状况欠佳的嗜茶者使用、面积小于四张半榻榻米的“小座敷”，却因日本茶道集大成者千利休及其弟子、儿孙们对逼仄饮茶空间的推崇，成为最具日本特色、中日文化交融的日本茶道专属饮茶空间，被世人追捧至今。

日本茶道以其独特的仪式化和哲学化特点，以及“和、敬、清、寂”的精神内涵，成为日本文化的重要代表之一。

二、韩国茶文化

据《三国史记 · 新罗本纪 · 兴德王三年》记载：“入唐回使大廉持茶种子来，王使命植于地理山。茶自善德王有之，至于此盛焉。”善德女王属三国时代末期，故韩国（朝鲜）饮茶不会晚于 7 世纪中叶。茶大约在公元六七世纪由中国传入韩国，与中国唐、宋、明清茶文化三大高峰相对应，在与韩国当地的风俗文化相交融后，形成了韩国历史上新罗茶道文化（以花郎道茶文化为特色）、高丽时代茶道文化（以宫廷、僧侣、文人茶道文化的丰盛为特色）、朝鲜时代茶道文化（以《朱子家礼》冠婚丧祭之茶礼为中心的茶文化特色）。在朝鲜半岛受日本殖民的时期，韩国已经成形的本土茶道的象征与内涵被逐渐磨灭，并且逐渐被日本的茶道精神所替代。进入现代社会后，韩国茶道通过传统恢复运动逐渐发展成礼仪茶道。韩国茶道在改朝换代的过程中影响着该时代生活面貌的同时，也被当时的生活面貌所影响。

图 3.6　韩国当代茶道富有生活气息

韩国茶道在统一新罗时期开始兴起，高丽时代达到全盛。茶文化的兴起也涌现了一批著名的茶人，忠谈师、无相禅师、崔致远和圆光禅师等人在茶道与禅宗方面有着深远的影响，为韩国的茶道文化和禅宗传统奠定了基础。新罗时期饮茶首先在宫廷贵族、僧侣和上层社会中传播并流行，其饮茶方法仿效唐代的煎茶法。这种方法主要包括炙茶、碾茶、罗茶、煮水、入茶、再煮、分茶和品茶八个步骤，人们会欣赏茶的色、香、味，并与其他茶友一起品尝，讨论茶的品质和品茗的乐趣。唐代煎茶法注重的是整个泡茶过程的仪式感和茶艺的欣赏，这不仅是饮用茶，更是一种文化和社交活动。这种饮茶方式对中国后世的茶文化，包括宋朝的点茶法，乃至日本的抹茶道，都有深远的影响。通过行茶，体现献茶仪礼中的礼、敬、和、美之精神。

高丽时期是朝鲜半岛茶文化的最辉煌时期，茶不仅仅是宗教活动的一部分，而是成为王室贵族日常生活的一部分，他们通过赐茶、进茶仪式来表达尊重和礼遇。高丽的茶道茶礼在这个时期形成，茶礼普及于王室、官员、僧道、百姓中。譬如韩国国家级的进茶仪式——高丽五行献茶礼，其核心是祭祀“茶圣炎帝神农氏”。所有参与茶礼的人都有严谨有序的入场顺序，一次参与者多达 50 余人。入场式开始，由茶礼主祭人进行题为“天、地、人、和”合一的茶礼诗朗诵。这时，身着灰、黄、黑、白短装，分别举着红、蓝、白、黄，并持绘有图案旗帜的四名旗官进场，站立于场内四角。随后依次是二名身着蓝、紫两色宫廷服饰的执事人、高举着圣火（太阳火）的二名男士、二名手持宝剑的武士入场。执事人入场互相致礼后分立两旁，武士入场要作剑术表演。接着是二名中年女子持红蓝两色蜡烛进场献烛、二名女子献香、二名梳长辫着淡黄上装红色长裙的少女手捧着青瓷花瓶进场，另有二名献花女则将两大把艳丽的鲜花插入青花瓷瓶。这时，“五行茶礼行者”共十名妇女始进场。皆身着白色短上衣，穿红、黄、蓝、白、黑各色长裙，头发梳理成各式发型均盘于头上，成两列坐于两边。用置于茶盘中的茶壶、茶盅、茶碗等茶具表演沏茶，沏茶毕全体分二行站立，分别手捧青、赤、白、黑、黄各色的茶碗向炎帝神农氏神位献茶。献茶时，由五行献礼祭坛的祭主，一名身着华贵套装的女子宣读祭文，祭奠神位毕，即由十名五行茶礼行者向各位来宾敬茶并献茶食。最后由祭主宣布“高丽五行献茶礼”祭礼毕，这时四方旗官退场，整个茶祭结束。

高丽时期以佛教为国教，中国禅宗茶礼传入高丽便成为高丽佛教茶礼的主流。八正禅茶礼以茶礼为中心，以茶艺为辅助形式，将佛教的“八正道”贯穿于整个禅茶礼的过程，从准备、冲泡到品饮，每个步骤都是对“八正道”的实践和体验。同时，茶艺也成为文人墨客之间交流思想和艺术的平台，促进了文化艺术的发展。此外，高丽时期出现了茶宴，进一步丰富了茶的文化内涵。这一时期的饮茶方法早期承袭了唐代的煎茶法，中后期则采用宋代的点茶法。点茶法是茶艺的一种重要形式，主要包括择茶、炙茶、碾茶、罗茶、热盏、击拂（调膏）、注汤、匀汤、品茗、再注十个操作步骤。宋代点茶法不仅是饮茶，也是一种艺术表演，讲究手法的熟练和节奏的把握。在整个过程中，茶人需要有平静的心态和专注的精神。

朝鲜时代正处于中国明朝晚期。明代是中国茶文化的一个重要发展时期。明朝茶叶的种植、制作工艺以及饮茶习俗都有了显著的进步和变革，饮茶方式逐渐由煮茶转向泡茶，瓷器和紫砂壶成为主流。受中国茶文化氛围的熏陶，韩国茶道文化形成了以《朱子家礼》冠婚丧祭之茶礼为中心的茶文化特色，涌现了许多咏茶赞茶之作，其中最著名的文学作品是《东茶颂》和《茶神传》。这一时期在饮茶方法上引进中国明朝的散茶冲泡法——壶泡法和撮泡法。壶泡法（又称煮茶法）包括选茶、温壶、投茶、洗茶、注水、泡茶、分茶、续泡等多个步骤；撮泡法属于盖碗泡茶法，更侧重于欣赏茶叶在水中舒展的形态，同时也方便观察茶叶品质和色泽变化，常用于品鉴茶叶。

韩国的茶俗文化深受中国古代茶文化的影响，具有丰富的历史和传统。韩国的茶礼种类繁多，各具特色，包括叶茶法、高丽五行茶礼、成人茶礼、接宾茶礼、佛门茶礼、君子茶礼、闺房茶礼等诸多形式。这些茶礼大多以茶为载体，以礼仪教育为主，将本民族文化充分融入茶礼之中，让韩国的民族文化、民族音乐、民族服饰等传统元素在茶礼中得到体现。总的来说，韩国茶道作为一种深厚的文化表达和社会交往的方式，通过泡茶、品茶的仪式，弘扬尊重、和谐、俭朴和真诚的传统美德，体现“和、敬、俭、真”的宗旨，成为韩国传统文化中不可或缺的一部分。

三、印度茶文化

印度作为重要的茶叶生产国之一，其茶文化的起源可以追溯到公元前2000年，但真正的发展和普及却与英国的殖民历史密不可分。在古代，印度人主要使用茶叶作为草药，用于治疗各种疾病。真正的茶饮文化直到17世纪英国东印度公司进入印度后才开始兴起。据史料记载，印度第一次种植茶树是在18世纪，正值英国的殖民统治之下，少量的茶籽通过英国人由中国传入加尔各答的皇室植物园中。19世纪，英国开始在印度的阿萨姆和大吉岭地区大规模种植茶叶，印度的茶叶产业由此迅速发展，阿萨姆红茶和大吉岭红茶更是成为印度茶文化的两大瑰宝。为了推广印度产的茶叶，英国人在印度各地建立了茶园，并引入了茶馆文化，使茶成为印度人民日常生活的一部分，尤其是红茶。

“Chai”在印度语中就是茶的意思，但印度的Chai更像是一种混合了茶叶、香料、糖和牛奶的热饮。英国人将饮茶习惯带入印度，而印度人民则将其本土化，形成了独特的Chai文化，添加了如姜、桂皮、豆蔻等香料，使之更符合当地口味。当地人有时会把茶叶斟放在盘子里啜饮，有时直接用舌尖去舔饮，他们认为用这种方式才能品尝出茶真正的内涵味道，所以喝茶在印度有另一种叫法，就是“舔茶”。特别的地方是印度人不用左手来递送茶具，因为他们的左手是用来洗澡和出恭的常用手。

“印度拉茶”（Image）是印度人的一种民俗茶饮，被称为独特的香料艺术。其中，香料指的是Masala（玛萨拉）调料，在印度语中是辣的意思。拉茶的制作工艺独特且富有仪式感：首先，选用优质红茶作为基础，再加入生姜、小茴香、肉桂、豆蔻、胡椒和糖等丰富的香料，这些香料的选择和比例往往根据个人口味和地域特色有所变化。然后，将混合好的香料与茶叶一同煮沸，用两个器皿把茶液来回倾倒，两手拉动的距离需要很大，上下的垂直距离需要很高，这样才能把茶与奶混合充分，将茶的清香和奶的醇浓完美交织在一起，最后形成一层空气泡沫浮在奶茶的表面，达成色香味俱全的效果，这个让茶叶和香料的味道充分融合的过程就是“拉茶”名称的由来。最后，再加入牛奶煮至微沸，使茶汤呈现出深琥珀色，香气四溢。这种传统的制作方式已经流传了几百年，成为印度日常生活的一部分。拉茶不仅是一种饮品，更是一种文化象征，体现了印度人民的热情好客和生活哲学。

图 3.7 玛萨拉香料茶

关于待客，印度有“客来敬茶”的传统习惯，一般家里有客人来访时，主人会邀请客人席地而坐。关于坐姿，男士需要将双腿盘起而坐，女士则需并拢双膝再屈膝而坐。习惯来讲，主人敬的第一杯茶是不能立即去接应的，要在礼貌的感谢和推辞后再接第二杯敬来的茶。除了一杯美味的茶外，主人还会提供新鲜的水果和小巧的甜品等茶点，供客人来享用。

四、英国茶文化

在欧洲，最先兴起饮茶之风的是当时的葡萄牙。英国饮茶始于 17 世纪早期，由葡萄牙通过贸易引入。1657 年，英国商人托马斯 · 加韦在伦敦开设了第一家出售茶叶的咖啡馆，标志着茶叶开始进入英国社会。1661 年，嗜茶如命的葡萄牙公主凯瑟琳嫁到英国，饮茶之风逐渐风行于英国王室，凯瑟琳本人也因此有“饮茶王后”之美誉。起初，喝茶是上层社会和贵族的专利。到了 18 世纪，随着海上贸易的发展和东印度公司的崛起，茶叶进口量增加，价格逐渐下降，茶叶开始普及到中产阶级。19 世纪，茶叶已经成为英国人日常生活中的必需品，各个社会阶层都普遍饮茶，19 世纪中期，早餐茶习俗和下午茶习俗开始形成。这一时期，英国人对茶的热爱也影响了其殖民地，如印度和锡兰（现在的斯里兰卡），这些地方后来成为世界主要的茶叶生产国，以满足英国对茶叶的巨大需求。20 世纪，茶在英国的地位更加稳固。第二次世界大战期间，饮下午茶已经成为英国各个阶层固定的习俗，英国的饮食与公共娱乐场所都供应下午茶。即使战争也不能改变英国人饮下午茶的习俗，“当时钟敲响四下时，世间的一切瞬间为茶而停”，这句英国民谣充分肯定了下午茶在英国社会生活中所占据的重要地位和代表的重大意义。

英国茶类包括绿茶、红茶等品类，其中红茶最受欢迎。不同于中国茶的“清饮”，英国红茶中除了茶叶，还会加入丰富的配料，如糖、牛奶、蜂蜜等，使英国红茶口味颇具特色。英国红茶制作过程中，配料的投放有着严格的顺序，一般要先放入牛奶，其次放茶，如果想提高甜度，最后再放糖。在中国人茶文化中，冲泡茶叶之后，还非常注重观察茶叶的形态，而英国人为了冲泡方便、快捷，直接将茶叶碾碎为末，独立小袋包装，饮茶时取用即可。目前国际高端红茶消费市场上，最为受欢迎的品牌均来自英国，如川宁、福特纳姆和玛森（简称 F&M）、惠塔德和立顿，这也说明英国这种茶叶冲泡方法普及之广。

英国饮茶名目繁多，仪式感强。英国人的一天由一杯茶开始，由一杯茶结束。对不同时间的饮茶行为有不同的命名，如起床前要喝“床前茶”（early morning tea），早餐时饮用“早餐茶”或者“开眼茶”（breakfast tea），搭配着早餐中的培根和煎蛋，是一种能去油解腻的饮食方式。在工作中，上午英国人有“公休茶”（tea break）；下午工作期间，临近下班前，英国人会享受“下午茶”（afternoon tea）。而回到家中晚餐前会有 high tea（搭配肉食冷盘的一种正式茶点），甚至在晚睡前还有“告别茶”（evening tea）。与不限饮用时间的咖啡相比，英国人对喝茶时间的安排近乎对生活仪式感的重视。

英国饮茶习俗中最具特色的莫过于英式下午茶，起源于维多利亚时代（1837—1901 年），特别是在 19 世纪中期，由英国的维多利亚女王推广开来。这种社交活动通常在下午 3:00 ~ 5:00 进行，旨在填补午餐和晚餐之间的空档，并且是一种展示社交地位和礼仪的方式。英国人偏爱红茶，一般是纯味的大吉岭茶和伯爵茶、绿茶或锡兰茶等，并会用牛奶、糖来调味。同时，搭配饮用的糕点也很有讲究，在食用的顺序上，一般是由淡到重，由咸到甜，即先品尝带点咸味的三明治，而后饮几口芬芳扑鼻的红茶，再吃涂抹上果酱或奶油的司康饼，最后食用精致甜腻的水果塔。所以，用来摆放糕点的英式三层茶塔盘就显得独具特色和尤其重要了。三层茶塔盘共三层，按照英国人食用糕点的顺序，自下而上，每一层摆放的茶点都很有特色。第一层摆放的点心一般是三明治或司康饼；第二层摆放的是柠檬蛋糕，或生姜蛋糕、萝卜蛋糕；第三层摆放的是法式糕点。此外，他们用的茶具也十分讲究，多为高档成套的中国瓷器，包括茶壶、滤匙、杯具、茶匙，个人点心盘和蕾丝手工刺绣巾等，整齐地摆放在精致的餐桌上。这些茶具上多绘有鲜艳的玫瑰等鲜花图，用来彰显茶具的华丽和高贵。饮茶的场所多半在主人富丽堂皇的客厅，或雅致舒适的花园庭院，女主人通常还会用悠扬古典的音乐来烘托环境的高贵和典雅。参加下午茶会的男士必须穿正式的燕尾服，女士必须穿豪华的礼服，头戴礼帽。英式下午茶会充满了高贵和典雅的气息，其对品茶的环境、茶具、茶点的讲究，以及程序的规定都很独特，形成一种文化形态。它体现了英国人的个人修养和人文气质。这种独具特色的下午茶会，后来发展成为一种常态，成为英国人的一种生活方式。

图 3.8 英式下午茶点

红茶与牛奶的组合，也就是英式奶茶，成了英国茶文化的象征，茶之于英国甚至已经成为其不可分割的文化符号之一。

五、俄国茶文化

16 世纪中国的茶叶传入俄罗斯。据记载，俄罗斯人第一次接触茶是在 1638 年，当时沙皇派两位使者赠送一些貂皮给蒙古可汗，蒙古可汗回赠的礼品是约 64 千克的茶。品尝之后，沙皇就喜欢上了这种饮品，从此茶便进入了俄罗斯。19 世纪中期始茶叶产区不断扩大，茶就风靡了整个俄罗斯帝国，“茶仪茶礼”场景在俄罗斯文学及美术作品中广泛出现，有的文学甚至出现了“给茶钱”这种名词，相当于现如今的小费。

自从茶走进俄罗斯人的生活中后一直备受欢迎，但受气候、经济、土壤环境的影响，品种比较单一。从饮茶的品种来看，俄罗斯人常饮红茶。自 1991 年以后，由于经济水平的提高，茶叶的消费总量明显增加，其中红茶的消费量最大，占茶叶总量的 78%。红茶在俄语是“чёрныйчай”，直译为黑茶，这种深色的茶饮似乎能在寒冷漫长的冬天给俄罗斯人以更多的温暖。在俄罗斯民间还流传着一种加蜜的甜茶。相比中国人喜欢茶的原味来说，俄国人更喜欢喝甜茶，所以常常在茶中放入糖、蜂蜜等。在俄罗斯的茶文化中糖和茶也是密不可分的，人们用“Спасибозачай-сахар”（直译谢谢糖茶）来表示对主人热情款待的谢意。

俄罗斯较为传统的沏茶方式是将干净的茶壶用滚动的开水涮一下，使其快速的晾干，然后放入茶叶，倒入适量的开水，并蒙上餐巾。然后将其放在茶炊的壶托上，大概过5分钟，加入一小块砂糖，使茶叶能够完全地舒展开，释放出所含的物质。在茶叶泡好的时候，往杯中倒入半杯，再从茶炊加入适量的白开水。在饮茶的时候，始终保持茶炊中的水处于沸腾的状态，俄罗斯人认为这种加入沸水的喝法能够喝到最好喝的茶，这种方法可以使每一个人都喝到相同浓度的茶。因此，俄罗斯人泡茶都一般都是一遍，绝对不会超过两遍。

由于该地区气候较为寒冷，普通茶具保温效果较差，俄罗斯人在原有茶具的基础上改良出专属的特色茶具，称为茶炊“沙玛瓦特”。这种独特的茶炊历史可追溯到18世纪前半叶。俄国茶炊的内下部安装有小炭炉，炉上为一中空的筒状容器，加水后可加盖密闭。炭火在加热水的同时，热空气顺容器中央自然形成的烟道上升，可同时烤热安置在顶端中央的茶壶。茶炊的外下方安有小水龙头，取用沸水极为方便。由于尺寸形状不同的茶炊加水后，水平面和盖子顶部间形成的空气柱体积形状也不同，因此水滚时共鸣声亦不同，即使是同一茶炊，水开时亦有“微滚”“已滚”和“暴风骤雨般轰鸣”之分。待水声恰到理想处，把茶壶从茶炊上取下，就可以注入滚水泡茶（茶叶已事先放入壶中）。俄罗斯茶炊主要分为两种，一种是茶壶型茶炊，另一种是炉灶型茶炊。除了茶炊之外，形态各异的茶碟也是俄罗斯人必需的茶具，茶具大部分都是手工制作的，复杂的工艺成就精美的茶具，最为著名的当数图拉市茶具。

图3.9　俄罗斯传统茶炊

俄罗斯的茶文化最早起源于中国，随后发展出自己独有的特色和丰富的内涵，“沙玛瓦特”作为具有俄式特色的茶炊，成了俄罗斯茶文化的象征。

六、土耳其茶文化

土耳其茶文化的发展历程可以追溯到公元前6世纪，当时茶叶从中国传入土耳其。

经过千百年的发展，土耳其茶文化逐渐形成了自己的特色。随着茶叶经济的发展，土耳其人的习惯也发生了巨大变化，饮茶逐渐取代了咖啡，在茶与生活的密切联系之中，土耳其人形成了自成风格的红茶文化。如今，土耳其已是世界第五大产茶国家，人均茶叶消费量更是攀升至世界第一。

在土耳其语里，表示“茶”的单词是 Çay。这个词来自中国北方汉语，通过丝绸之路传到西亚和东欧，最早出现于达玛扎德 · 艾哈迈德 · 埃芬迪写于 1731 年的《茶论》（Çay Risalesi）。土耳其人嗜茶如命，平均每天要喝 15 ～ 20 杯茶，被称为“浸泡在茶汤里的国度”。虽然土耳其并没有类似中国的程序繁复的“茶艺”，但是准备红茶的方式却非常特别。土耳其人煮茶讲究茶汤的色泽，沸水调制，红如玛瑙，不带杂质。茶在冲泡之前需要先熏煮。用来煮茶的茶壶很别致，一般来说是上下叠在一起的两个壶，叫 Demlik 或 aydanlk，上层的壶先只放茶叶，不添加水，下层则用来烧水。水烧开的过程中，上层的茶叶通过蒸汽的熏煮慢慢焙出香味，水烧开后倒入一部分的水入上层，冲泡出浓浓的茶汁。喝茶时根据个人习惯通过调整茶汁和水的比例来控制茶的浓度。

土耳其喝茶方式简单直接，没有绿茶文化中的茶道一说，也不像英式红茶讲究一套拘谨的喝茶礼。灌注而下，端杯呷啜，一如他们热情豪放的民族性格。和中国人相似的是，如果客人不明确表示喝够了的话，主人会一直续茶。如果客人不想再喝，可把茶匙放进喝完的茶杯里而不是放在茶碟上。在土耳其，无论城镇、乡村，到处都可以看到茶馆，受传统和宗教的影响，上茶馆喝茶的基本为男性，女性很少上茶馆喝茶。土耳其不同城市和地区饮茶方式还是会有些许区别。比如在 Tokat 市，茶杯一般不会倒满，得留 3 ～ 5 厘米的距离；在 Erzurum 市及周边地区请茶方式也有些不同，这里的茶汤较淡，色泽靠近黄色。这个地区的人喝茶时，用手掰下一小块糖含在嘴里同时喝茶，而不是像其他地区那样丢进两块方糖用茶匙搅拌。

图 3.10 土耳其红茶

除此之外，土耳其红茶的茶具别具特色，一般是郁金香形状的玻璃杯。郁金香是伊斯兰世界重要的文化符号，在中东，人们认为其花形类似穆斯林头巾，因此，郁金香这个符号被广泛使用在诸如地毯、墙画、服饰、家具等众多领域，是伊斯兰世界熟悉的文化元素。

总之，土耳其茶文化源远流长，融合了东西方文化的精髓，以茶佐餐、以茶会客、以茶送礼，茶文化在土耳其文化中占有重要的地位，成为土耳其人民生活中不可或缺的一部分。

本章小结

茶各具特色，人各有所好，不同地域，不同国家人民的饮茶习俗不同，同一国家内不同民族，同一民族中不同地区，乃至同一地区不同人群之间，对茶的爱好也各有千秋。不同国家、不同民族的饮茶习俗都是人民在长期饮茶过程中逐渐形成的，与各国的政治经济、地理环境和文化艺术都密切相关。本章主要介绍了我国多彩茶礼、我国少数民族特色茶俗、我国各地缤纷茶文化以及世界各国主要茶文化。

实训任务

实践题目：以茶待客

实践目的：通过以茶待客茶礼的理论知识学习，运用茶礼分小组模拟日常待客、商务待客。

实践方法：以小组为单位进行情境模拟并讨论、交流。

思考与练习

一、选择题

1. 西南人敬茶讲究“三道茶”，每道茶都有含义。第三道茶上来即表示(　　)。

A. 欢迎　　B. 畅谈　　C. 送客

2. 广东、江西地区清明祭祖时，常将一包茶叶与其他祭品摆放于坟前，或斟上茶水(　　)杯。

A. 五　　B. 三　　C. 一

3. 饮酥油茶前用(　　)手无名指在茶碗中蘸少许茶，举起手指，在空中弹洒三次，表示奉献给佛、法、僧。

A. 左手　　B. 右手　　C. 左右手都可

4. (　　)年，瑶族油茶习俗被列入国家级非物质文化遗产代表性项目名录。

A.2020　　B.2019　　C.2018

二、判断题

1. 放置茶壶时壶嘴可以正对他人。(　　)

2. 在中国许多汉族社区，至今仍将订婚的定金称为“茶金”，把彩礼称为“茶礼”。(　　)

3. 日本茶道以其独特的仪式化和哲学化特点，以及“和、美、清、寂”的精神内涵，成为日本文化的重要代表之一。(　　)

4. 盖碗由茶盖、茶碗、茶托三部分组成，故又称“三泡台”“三才杯”。(　　)

5. 英国茶类包括绿茶、红茶等品类，其中红茶最受欢迎。(　　)

三、思考题

1. 简述商务茶礼中的泡茶与敬茶。

2. 简述日本茶道遵循的“四规”“七则”。

3. 简述蒙古族咸奶茶的制作方法。

参考答案

部分少数民族茶饮

印度茶文化、英式下午茶

项目四

草木英华蕴佳茗
——茶叶生产文化

思维导图

项目四 草木英华蕴佳茗——茶叶生产文化

- 任务一　茶树基础知识
- 任务二　茶叶的生产与制作
- 任务三　茶产业可持续发展

学习目标

知识目标

- 了解茶树的形态特征和制茶工艺的发展历史
- 理解茶树的生长环境、茶叶制作工艺与流程
- 掌握茶树的类型、四大茶区的分布及特点
- 熟悉茶类的演变
- 掌握世界非遗制茶技艺及代表性名茶
- 了解茶叶可持续发展的方向

能力目标

- 运用茶树的相关知识，在实际学习生活中认识茶树的种类
- 能阐述不同茶类的至少两种非遗制茶技艺

素养目标

- 知道西南茶区是最古老的茶区，也是茶树原产地，树立文化自信
- 具有绿色环保意识，科技引领茶叶可持续发展

任务一　茶树基础知识

唐代陆羽所著的《茶经》，是世界第一部茶叶专著。《茶经·一之源》中对茶树的特征作了精辟的概括："茶者，南方之嘉木也，一尺、二尺，乃至数十尺。其巴山峡川，有两人合抱者，伐而掇之。其树如瓜芦，叶如栀子，花如白蔷薇，实如栟榈，蒂如丁香，根如胡桃。"

一、茶树的形态特征

茶是茶树的嫩叶或嫩芽，用不同的加工工艺加工而成。茶树是多年生、常年绿的木本植物。茶树的植物学名称最早是由瑞典植物学家林奈定名，1950 年中国植物学家钱崇澍根据国际命名法的有关要求，确定 camellia sinenisis(L.)O.Kuntze 为茶树学名，并一直使用，延续至今。

图 4.1 茶树

（一）树型

根据茶树在自然生长情况下，植株可以达到的高度，以及其分枝习性，可将茶树主要分为主干明显且植株高大的乔木型、基部主干明显的小乔木型和主干不明显的灌木型，我国茶树树型分布受生态环境作用而呈现一定的分布规律。地理位置经纬度、海拔、土壤、降雨量、日照时间及强度等，都极大地影响着茶树生长、茶树适制茶类状况及茶叶制作的品质。从植物生长地域角度看，在我国两广的五岭至云南之间存在一条热带植物分界线，在这条线以南是北半球中热带植物的主要生长区域；若往北推进，则茶树树型一般就从乔木型变为小乔木型，进而再变为灌木型，茶树的叶片也会从大逐渐变小。

1. 乔木型

乔木型是较原始的茶树类型。分布于热带或亚热带地区。植株高大，一般在 10 米以上，主干明显，呈总状分枝，分枝部位高，枝叶稀疏。叶片大，叶片长度的变异范围为 10 ~ 26 厘米，多数品种叶长在 14 厘米以上。叶片栅栏组织为一层。

2. 小乔木型

小乔木型也叫半乔木型，属进化类型。抗逆性较乔木型强，分布于亚热带或热带茶区。植株较高大，一般在 3 ~ 10 米，从植株基部至中部主干明显，植株上部主干则不明显。分枝较稀，大多数品种叶片长度在 10 ~ 14 厘米，叶片栅栏组织多为两层。

3. 灌木型

灌木型亦属进化类型。包括的品种最多，主要分布于亚热带茶区，我国大多数茶区均有分布。植株低矮，一般在 3 米以下，无明显主干，从植株基部分枝，分枝密，叶片较小，叶片长度变异范围大，为 2.2 ～ 14 厘米，大多数品种叶片长度在 10 厘米以下。叶片栅栏组织两层或三层。

茶树植株由根、茎、叶、花、果和种子等器官组成，各个器官相辅相成，共同促进茶树生长发育。其中，茶树的叶是制作成品茶的主要部分。根、茎、叶为茶树的营养器官，主要负责植株吸收水分及营养物质。花、果、种子为生殖器官，主要负责繁衍后代。

（二）叶

茶树叶片是单叶互生。形状分披针形、椭圆形、长椭圆形、卵形、卵圆形等几种，以椭圆形和卵圆形居多。叶片有明显的主脉，主脉上又分出侧脉 5 ～ 15 对，呈 60º 伸展至叶缘 2/3 处即向上弯曲呈弧形，与上方侧脉相连，组成一个闭合网状输导系统，叶尖有锐尖、钝尖、圆尖等三种。叶面积的大小常作为品种划分的依据。一般以定型叶为标准，按“叶长 × 叶宽 ×0.7”计算，凡在 50 平方厘米以上为特大叶，28 ～ 50 平方厘米为大叶，14 ～ 28 平方厘米为中叶，14 平方厘米以下的为小叶。

叶片由芽发育而成，有鳞片、鱼叶和真叶之分。鳞片色泽黄绿，呈覆瓦状着生在营养芽的最外层，起保护幼芽的作用。当芽体膨大展开，鳞片会很快脱落。鱼叶是发育不完全的真叶，因其形如鱼鳞而得名，其主脉明显，侧脉隐而不显。茶芽伸叶过程中，长出鱼叶之后便是真叶。其色泽、厚度，因品种、季节、树龄、生长条件及栽培方式而有所差异。幼芽和嫩叶是采摘利用的对象，成熟叶和老叶是进行光合作用、制造养分、维持茶树生长的重要器官。

图 4.2　茶叶

图 4.3　茶芽

茶树叶片上的茸毛，即常指的“毫”，也是它的主要特征。茶树的嫩叶背面着生茸毛，是鲜叶细嫩、品质优良的标志，茸毛越多，表示叶片越嫩。一般从嫩芽、幼叶到嫩叶，茸毛逐渐减少，大多到第四叶茸毛便已不见了。

（三）根

茶树的根主要由主根、侧根、细根、根毛组成。主根可垂直深入土层 2 ~ 3 米，一般栽培的灌木型茶树根系深入土层 1 米左右。主根又分出侧根、细根，起输导水分和养分的作用，故称输导根。细根上有根毛，担负对土壤养分和水分的吸收，故称为吸收根。侧根、细根和吸收根共同组成茶树的根群。根群的分布幅度一般比树冠大 1 ~ 15 倍。

（四）茎

成年的茶树，主干上分出侧枝，侧枝有多级分枝，这就形成了茶树丛状树冠。不经采摘的自然生长茶树，分枝少，常呈塔状分布。采摘的茶树，由于不断摘去顶芽和采取修剪措施，抑制茶树向上生长，促使其横向扩展，因此常形成弧形或平面形的采摘面。

（五）花

茶树的花属两性花，常为白色，由花托、花萼、花冠、雄蕊和雌蕊等组成。花苞一般 6 月中下旬形成，秋季 10 月开花，由开花到果实成熟，大约要一年零四个月的时间。

（六）果及种子

茶树花期过后，继续生长结出果实，茶果实为蒴果，包括果壳和种子两部分。有 1 ~ 5 室，通常以二球果与三球果为主。茶果形状和大小与茶果内种子有关，茶籽是茶树的种子，由种壳、种皮、子叶和胚形成。茶籽含有丰富的脂肪、淀粉、糖分和少量的皂素。

二、茶树的生长环境

图 4.4 暖湿的生长环境利于茶树生长

茶树在生长过程中不断地和周围环境进行物质和能量的交换，既受环境制约，又影响周围环境。茶树的生长环境是决定茶叶品质优良与否的重要因素。

（一）气候——喜暖怕寒、喜湿怕涝

茶树性喜温暖、湿润，在南纬 45° 与北纬 38° 之间都可以种植，最适宜的生长温度为 18 ~ 25℃，不同品种对于温度的适应性有所差别。茶树生长需要年降水量在 1500 毫米左右，且分布均匀，早晚有雾，相对湿度保持在 85% 左右的地区，较有利于茶芽发育。若长期干旱或湿度过高均不适于茶树栽培。

（二）日照——喜漫射光、怕直射光

茶作为叶用作物，极需要日光。日照时间长、光度强时，茶树生长迅速，发育健全，不易罹患病虫害，且叶中多酚类化合物含量增加，适于制作红茶；反之，茶叶受日光照射少，则茶质薄，不易硬化，叶色富有光泽，叶绿质细，多酚类化合物少，适于制作绿茶。光照中的紫外线对于提高茶汤的汤色及香气有一定影响。高山所受紫外线的辐射较平地多，且气温低，霜日多，生长期短，所以高山茶树矮小，叶片亦小，茸毛发达，叶片中含氮化合物和芳香物质增加，故高山茶香气优于平地茶。

（三）土壤——喜酸怕碱

茶树适宜在土质疏松、土层深厚、排水、透气良好的微酸性土壤中生长。虽在不同种类的土壤中都可生长，但以酸碱度（pH 值）在 4.5 ~ 5.5 为最佳。茶树要求土层深厚，最好有 1 米以上，其根系才能发育和发展，若有黏土层、硬盘层或地下水位高，都不适宜种茶。土壤中石砾含量不要超过 10%，且含有丰富的有机质是较理想的茶园土壤。

（四）风质——喜湿微风

风对茶树有一定的影响。来自东南的季风，往往是暖和而湿润的，有利于茶树生长；来自西北的内陆风，往往是干燥而寒冷的，不利于茶树生长；比较潮湿的轻风、微风能调节茶树水分的平衡，加强叶子的蒸腾作用，有利于光合作用的进行。风力过大，加上暴雨，不但使茶树受到机械损伤，而且水分的平衡也受到破坏。冬季低温加上干旱风的侵袭，茶树更容易遭受冻害。因此，在风速较大的地区，营造防护林是很重要的手段。

三、中国产茶区分布

中国的茶区分布辽阔，东起东经 122° 的台湾省东部海岸，西至东经 95° 的西藏自治区易贡，南自北纬 18° 的海南岛榆林，北到北纬 37° 的山东省荣成市，东西跨经度 27°，南北跨纬度 19°，包括浙江、湖南、安徽、四川、福建、云南、湖北、广东、江西、广西、贵州、江苏、陕西、河南、重庆、山东、西藏、甘肃、海南、台湾共

有20个省（区、市）967个县、市生产茶叶。茶区地跨中热带、边缘热带、南亚热带、中亚热带和暖温带等五个气候区。

中国茶区根据生态环境、茶树品种、种类结构分为四大茶区，即华南茶区、西南茶区、江南茶区、江北茶区。

图 4.5 中国产茶区

（一）华南茶区

华南茶区气温在四大茶区中是最高的。包括福建大樟溪、雁石溪，广东梅江、连江，广西浔江、红水河、云南南盘江、无量山、保山、盈江以南等地区，行政区域包括福建东南部、台湾、广东中南部、广西南部、云南南部以及海南。华南茶区年均气温在20℃以上，1月平均气温多高于10℃，无霜期300天以上，年极端最低气温不低于-3℃。台湾、海南等地无雪无冬，茶树四季均可生长，新梢每年可萌发多轮。雨水充沛，年平均降雨量为1200～2000毫米，其中夏季占50%以上，冬季降雨较少。有的地区从11月至翌年2月常有干旱现象，但山区多森林，空气湿度较大。土壤为红壤和砖红壤，土层深厚，多为疏松枯壤土，活性钙含量低，肥力厚，是茶树最适宜生长区。

华南茶区茶树品种资源丰富，主要为乔木型大叶类品种，小乔木型和灌木中小叶类品种也有分布。生产茶类品种有乌龙茶、红茶、黑茶、白茶、绿茶、花茶等各类茶。

主要代表茶有：乌龙茶——福建铁观音、广东凤凰水仙、台湾冻顶乌龙茶等；红茶——海南五指山红茶、广东英德红茶；黑茶——广西六堡茶；绿茶——广西桂林毛尖、海南白沙绿茶；花茶——福建茉莉花茶、广西桂花茶。

（二）西南茶区

西南茶区是中国最古老的茶区。包括米伦山、大巴山以南，红水河、南盘江、盈江以北，神农架、巫山、方斗山、武陵山以西，大渡河以东，行政区域包括云南中北部、广西北部、贵州、四川、重庆及西藏东南部。西南茶区地势较高，大部分茶区海拔在 500 米以上，属于高原茶区。地形复杂，气候变化较大，年均气温在 15.5℃以上，最低气温一般在 -3℃左右。春秋两季气温相似，夏季气温比其他茶区低，没有明显的高热天气，冬季气温较华南茶区低，但比江南茶区和江北茶区高。

四川盆地南部边缘丘陵山地，气候条件优越，年平均气温 18.0℃以上。云南最低日平均气温在 10.0℃以上，最高月平均气温为 24.0℃左右，四季如春，气候极宜茶树生长。但在川滇高原山地，垂直地带气温差异明显，不同海拔的气候变化很大。雨水充沛，年降雨量大多在 1000 ~ 1200 毫米，但降雨主要集中在夏季，而冬春季雨量偏少，如云南等地常有春旱现象。山地多森林，空气湿度大，且时有地形雨，雨量较大。土壤类型多，主要有红壤、黄红壤、褐红壤、黄壤、红棕壤等。有机质含量较其他茶区高，有利于茶树生长。

西南茶区茶树品种资源丰富，乔木型大叶种和小乔木型、灌木型中小叶种全有，生产茶品类有黑茶、红茶、绿茶、黄茶、花茶等，是中国发展大叶种红碎茶的主要基地之一。

主要代表茶有：黑茶——云南普洱茶、四川边茶；红茶——云南滇红、四川川红；绿茶——四川竹叶青、贵州都匀毛尖；黄茶——四川蒙顶黄芽；花茶——四川碧潭飘雪。

（三）江南茶区

江南茶区是我国茶叶生产最集中的茶区。包括广东和广西北部、福建中北部、安徽、江苏和湖北省南部、湖南、江西、浙江。江南茶区地势低，四季分明、气候温暖，年均气温在 15.5℃以上，极端最低气温多年平均值不低于 -8℃，个别地区冬季最低气温可降到 -1℃以下，茶树易受冻害。无霜期 230 ~ 280 天。夏季最高气温可达 40℃以上，茶树易被灼伤。雨水充足，年均降雨量 1400 ~ 1600 毫米，有的地区年降雨量可高达 2000 毫米以上，以春、夏季为多。土壤以红壤、黄壤为主，部分地区有黄褐土、紫色土、山地棕壤和沉积土。

江南茶区气候、土壤等自然环境适宜茶树生长发育，是茶树生态适宜区。茶叶产量约占全国总产量的 1/3，名优茶品众多，经济效益高，是中国重点茶区。该区茶树品种主要以灌木型品种为主，小乔木型品种也有一定的分布。生产茶类有红茶、绿茶、乌龙茶、白茶、黄茶、黑茶、花茶等各类茶。

主要代表茶有：红茶——福建正山小种、安徽祁门功夫、江西宁红工夫茶；绿茶——浙江西湖龙井、安徽黄山毛峰、太平猴魁、江苏洞庭碧螺春、湖北施恩玉露；乌龙茶——福建大红袍、肉桂、水仙；白茶——福建白毫银针、白牡丹；黄茶——湖南君山银针；黑茶——湖南安化黑茶、湖北老青茶等。

（四）江北茶区

江北茶区是中国最北的茶区。位于长江以北、秦岭淮河以南以及山东以东部分地区，行政区域包括甘肃南部、陕西南部、河南南部、山东东南部和湖北北部、安徽北部、江苏北部。江北茶区大多数地区年平均气温在15.5℃以下，个别年份极端最低气温可降到-10℃，造成茶树严重冻害。无霜期200～250天。茶树年生长萌发期仅六七个月。年降水量相对较少，在1000毫米以下，其中春季、夏季降雨量约占一半。土壤以黄棕壤为主，也有黄褐土和山地棕壤等，pH值偏高，肥力较低。从土壤和气候条件而言，对茶树生长并不十分有利，尤其是冬季，必须采取防冻措施，茶树才能安全越冬。

该区茶树品种主要是抗寒性较强的灌木型中小叶种，生产茶类品种有绿茶、红茶、黑茶等各类茶。

主要代表茶有：绿茶——安徽六安瓜片、黄山毛峰、河南信阳毛尖、山东崂山绿茶；红茶——河南信阳红茶；黄茶——安徽霍山黄芽。

▶ 拓展阅读

世界茶区分布

任务二　茶叶的生产与制作

一、制茶工艺的发展与茶类演变

中国的制茶历史悠久，自发现野生茶树，其间经历了从生吃鲜叶、生煮羹饮、晒干收藏、蒸青做饼到炒青散茶，从绿茶到多种茶类，从手工操作到机械化制茶的重大变迁。茶叶制作技术经历了由简单到复杂，又由复杂到简单的过程，每一类茶的出现都相应地带动了制茶技术的革新。

（一）制茶工艺的发展历史

1. 从生煮羹饮到晒干收藏

茶之为用，最早从神农氏（即炎帝）开始，人们直接咀嚼茶树鲜叶，用以解毒、提神，主要用于药用。这种最原始的利用方法进一步发展到生煮羹饮。生煮类似现代的煮菜汤，即以茶作菜，用来食用果腹。早期的擂茶是茶作羹饮的一种方式，流传于湖南、湖北、江西福建、广西、四川、贵州等少数民族地区，是将生茶叶、生姜、生米三种生材料经混合研碎，加水煮成的汤饮，故又称“三生汤”。 茶作羹饮，又见《晋书》中记载：“吴人采茶煮之，曰茗粥。”甚至到了唐代，仍有吃茗粥的习惯。生煮羹饮是直接利用未经任何加工的茶鲜叶。为了更好地保存茶叶，云南地区出现“晒干收藏”的利用方式，即利用阳光直接将新鲜茶叶晒干或烧烤后再晒干，这种原始的晒青可能是茶叶的最初加工方式。

2. 从蒸青造型到龙团凤饼

晒干收藏的方法虽然简单，但没有太阳的日子无法实现，于是人们利用“甑”来蒸茶，发明了原始的“蒸青”。蒸完以后用锅炒和烘焙的方法进行干燥，从而产生原始的“炒青”和“烘青”。原始的晒青茶、炒青茶和蒸青茶，在秦汉以前的巴蜀地区可能都已出现。三国时，魏朝出现了茶叶的简单加工，把采来的叶子蒸后加些米膏，增加黏性做成饼，晒干或烘干，需要时再进行碾碎煮饮，在原始散茶的基础上发明了原始形态的饼茶，这是制茶工艺的萌芽。

自唐至宋，贡茶兴起，成立了贡茶院，即制茶厂，组织官员研究制茶技术，从而促使茶叶生产不断改革。唐代蒸青作饼已经逐渐完善，茶叶制造是以蒸青团饼茶为主，制成的饼茶有大有小，有方有圆，也有花形。陆羽《茶经·三之造》记述：“晴，采之，蒸之，捣之，拍之，焙之，穿之，封之，茶之干矣。”即此时完整的蒸青茶饼制作工序为：蒸茶、解块、捣茶、装模、拍压、出模、列茶晾干、穿孔、烘焙、成穿、封茶。除了蒸青团饼茶以外，唐朝也曾出现蒸而不捣的散茶或捣而不拍的末茶。

宋代，制茶技术发展很快，新品不断涌现。作为贡茶的团饼茶，做工精细，饼面又增加了龙凤之类的纹饰，谓之“龙团凤饼”。宋代《宣和北苑贡茶录》记述“宋太平兴国初，特置龙凤模，遣使即北苑造团茶，以别庶饮，龙凤茶盖始于此”。龙凤团茶的制造工艺，据宋代赵汝励《北苑别录》记述，有六道工序：蒸茶、榨茶、研茶、造茶、过黄、烘茶。茶芽采回后，先浸泡水中，挑选匀整芽叶进行蒸青，蒸后冷水清洗，然后小榨去水，大榨去茶汁，去汁后置瓦盆内兑水研细，再入龙凤模压饼、烘干。龙凤团茶的工序中，冷水快冲可保持绿色，提高了茶叶质量，而水浸和榨汁的做法，由于夺走真味，使茶香极大损失，且整个制作过程耗时费工，这些均促使了蒸青散茶的出现。

3. 从团饼茶到散叶茶

宋朝末年，为了改善蒸青团茶苦味难除、香味不正的缺点，逐渐采取蒸后不揉不压，直接烘干的做法，将蒸青团茶改造为蒸青散茶，保持茶的香味，同时还出现了对散茶的鉴赏方法和品质要求。《宋史·食货志》载：“茶有两类，曰片茶，曰散茶”，片茶即饼茶。由宋至元，饼茶、龙凤团茶和散茶同时并存，散茶得到进一步发展，有取代团饼茶之势。到了明代，明太祖朱元璋于1391年下诏，废龙团兴散茶。从此，停止制造团饼茶，蒸青散茶大为盛行。这一措施对制茶技艺的发展起了一定的促进作用，因此明代是我国古代制茶发展最快，成就最大的一个重要时代，它为现代制茶工艺的发展奠立良好基础。

4. 从蒸青到炒青

相比于饼茶和团茶，茶叶的香味在蒸青散茶得到了更好的保留，然而，使用蒸青方法，依然存在香味不够浓郁的缺点。于是出现了利用干热发挥茶叶优良香气的炒青技术。炒青绿茶自唐代始而有之。唐刘禹锡《西山兰若试茶歌》中言道：“山僧后檐茶数丛……斯须炒成满室香”，又有“自摘至煎俄顷余”之句，说明嫩叶经过炒制而满室生香，而且炒制时间不长，这是至今发现的关于炒青绿茶最早的文字记载。经唐、宋、元代的进一步发展，炒青茶逐渐增多。到了明代，炒青制法日趋完善，在《茶录》《茶疏》《茶解》中均有详细记载。其制法大体为：高温杀青、揉捻、复炒、烘焙至干，这种工艺与现代炒青绿茶制法非常相似。各地很多炒青绿茶名品不断涌现，如徽州的松萝茶、杭州的龙井茶、六安的瓜片等。炒青绿茶的普及，带动了其他茶类发展。

20世纪60年代，由于出口创汇的需要，我国引进西方现代化机械制茶方式，生产碎茶和速溶茶。这是茶叶加工的一次重大变革，此后纯粹的手工制茶逐渐被现代化机械制茶取代。

20世纪80年代，随着社会的发展和生活节奏的加快，茶这种历史悠久的饮品也发生了变革。人们认识到茶叶变革的重要性，于是一些新兴食品产业、饮料产业开始逐渐摸索并涉足茶饮料的研究与开发，使得茶叶这种饮品有了继承和新生，出现了多种多样的茶食品和茶饮料。

（二）茶类的演变

在制茶的过程中，为了确保茶叶香气和滋味更好地呈现，人们探索到了一些规律，从而使茶叶从鲜叶到原料，通过不同的制造工艺，制成各类色、香、味、形品质特征不同的六大茶类，即绿茶、黄茶、黑茶、白茶、红茶、青茶，还出现以六大茶类为原料，用各种鲜花混合窨制而成的再加工茶类——花茶。

1. 绿茶的出现

绿茶是我国最早创制的茶类，是茶鲜叶经过杀青（蒸青或炒青）、揉捻、干燥等工序制成的成品茶，冲泡后清汤绿叶。真正意义上的绿茶加工始于8世纪蒸青制法的发明与应用。宋朝末年的蒸青散茶是现代绿茶的前身。到了12世纪又发明出了炒青制法，至此绿茶加工技术已比较成熟，一直沿用至今并不断完善。

图 4.6 顾渚紫笋

2. 黄茶的产生

黄茶制作工艺，大约是在明隆庆年间的1570年形成的。当时人们在绿茶炒青制造实践中发现鲜叶杀青或揉捻后不及时干燥或干燥程度不足，叶质就会变黄，产生黄汤黄叶，类似黄茶的品质特点。因此，人们在炒制过程中就有意采取“闷黄”的做法，经过反复实践、不断积累经验，从而创制出黄茶。

图 4.7 君山银针

3. 黑茶的由来

黑茶是我国特有的茶类，以销往边疆地区为主，历史上多称为“边销茶”。绿茶杀青时叶量多，火温低，叶色会变成近似黑色的深褐绿色，或绿毛茶堆积发酵，渥成黑色，于是产生黑茶。11世纪前后，当时运往边疆的茶叶都是绿茶，大都通过四川远销到西南、西北地区。由于路途遥远，交通不便，运输困难，为了方便运输必须将茶叶压制成团块状，这些团块茶经过一路风吹雨打日晒的“湿堆作用”，便形成了自然黑茶。随着边销茶需求量日益增多，这种自然黑茶已远不能满足边销需求，到了宋代出现了“做色黑茶”。“做色黑茶”是将茶树鲜叶经过蒸压渥堆，从而制成黑茶，此时黑茶加工方法已基本形成。到了明代，黑茶已经开始正式生产了。

图 4.8 普洱熟茶

4. 白茶的起源

图 4.9 白牡丹

白茶是我国特产，主产福建的福鼎、政和、松溪和建阳等县，其次台湾省也有少量生产。白茶制法不炒不揉，萎凋后晒干或文火烘干而成的成品茶外表满披白毫，如银似雪，故称“白茶”。

宋熊蕃 1121—1125 年写的，其子熊克 1158 年增补的《宣和北苑贡茶录》记载：“至大观初，今上亲制茶论二十篇，以白茶与常茶不同，偶然生出，非人力可致，于是白茶遂为第一。”当时白茶是指一种茶树品种，芽叶白毫多且披满全叶，称作“白叶茶”。此时的白茶，其制法与蒸青绿茶制法大体相同。明代田艺衡 1554 年所著《煮泉小品》，记载白茶的制法：“茶者以火作者为次，生晒者为上，亦近自然，且断烟火气耳。况作人手器不洁，火候失宜，皆能损其香色也。生晒者瀹于瓯中，则旗枪舒畅，清翠鲜明，尤为可爱。”其所载制法与现代白茶工艺相近。生晒是福鼎白茶最传统的日光自然萎凋工艺，据此推断，此时已出现现代意义上的白茶。

5. 红茶的创制

图 4.10 云南滇红

茶农在茶叶制作过程发现日晒代替杀青，绿茶揉捻后来不及干燥而变红，从而创造出红茶。红茶按制法不同分为小种红茶、工夫红茶和碎红茶。约 1568 年，世界红茶鼻祖正山小种在武夷山桐木关诞生，开启世界红茶史。不久，工夫红茶也在闽南研制成功，并开始外销。20 世纪 20 年代，印度等国开始发展将茶叶切碎加工的红碎茶，成为世界茶叶贸易市场的主要茶类。

6. 青茶的问世

青茶又称乌龙茶，是中国六大茶类中独具鲜明特色的部分发酵茶类（发酵度：10%~70%），其历史可追溯至明末清初福建武夷山。乌龙茶于 17 世纪中后期创制于闽北，后随工艺发展分化出闽南、广东、台湾乌龙茶制作工艺，由此形成闽北、闽南、广东、台湾四大乌龙茶体系。乌龙茶按照外形区分为条形乌龙、半球形乌龙、球形乌龙。根据发酵程度的不同，乌龙茶通常可分为轻发酵（约 10%~25%）、中发酵（约

25%~50%）和重发酵（约50%~70%）三种。乌龙茶有着天然的花果香味和“绿叶红边”的特征，兼具绿茶的清香和红茶醇厚的滋味，制作工艺复杂，品类丰富，在国内外享有盛誉。

图 4.11　冻顶乌龙

7. 从素茶到花茶

花茶是选用品质优良的毛茶（一般多用绿茶）原料作茶坯，用各种香花窨制而成的香型茶。早在宋代就有添加龙脑的加香茶，也有以茉莉花焙制的花茶。北宋蔡襄所著《茶录》载有“茶有真香。而入贡者微以龙脑和膏，欲助其香”。说明当时常把名贵香料龙脑掺入茶膏里，以增加茶的香气。南宋陈景沂的《全芳备祖》云“茉莉熏茶及烹茶尤香。”说明当时用香花窨茶的花茶制作方法已经出现。至明代花茶窨制技术有了较大发展，明代钱椿年的《茶谱》记述“木樨、茉莉、玫瑰、蔷薇、兰惠、橘花、栀子、木香、梅花皆可作茶”。大规模窨制花茶则始于清咸丰年间(1851—1861年），至光绪年间（1890年前后）花茶生产已较普遍。

图 4.12　茉莉花茶

二、茶叶制作工艺与流程

茶叶是以茶树鲜叶为原料，采用特定工艺加工而成的供人们饮用或食用的产品。我国各种茶类的品质特征形成，除了茶树品种和鲜叶原料的影响外，加工工艺是重要的决定因素。茶叶主要加工工艺有杀青、萎凋、揉捻、闷黄、发酵、渥堆、做青、干燥等。

杀青指采用一定温度，使鲜叶中的酶失去活性，或将酶钝化的过程。

萎凋是鲜叶在一定的温、湿度条件下均匀摊放，使其萎蔫，散发水分的过程。

揉捻是指在人力或机械力的作用下，使叶片卷曲成条并破化其组织，使茶叶内含物质成分容易泡出的工艺过程。

闷黄是将杀青或揉捻或初烘后的鲜叶趁热堆积，使其在湿热作用下逐渐黄变的过程。

发酵是在一定的温、湿度条件下，鲜叶内含物发生以多酚类物质酶促氧化为主体的、形成叶红变的过程。

渥堆是在一定的温、湿度条件下，通过茶叶堆积促使其内含物质缓慢变化的过程。

做青指在机械力作用下，鲜叶叶缘部分受损伤，促使其内含的多酚类物质部分氧化、聚合，产生绿叶红边的过程。

干燥是指给茶叶加温，使茶叶内含物质发生热化学反应，既破坏酶的活性，终止酶氧化，又蒸发茶叶水分，塑造外形，提高茶叶香气和滋味，便于茶叶贮藏的过程。

（一）绿茶制作工艺与流程

绿茶属于不发酵茶类，因其干茶、汤色、叶底均以绿色为主调，故名绿茶，是我国历史最悠久、产地最广、品种最多、产量最大、成品茶形状最丰富的茶类。

绿茶的初制工艺流程为：摊放→杀青→揉捻→干燥。

摊放是绿茶初制加工的第一道工艺。通过对鲜叶集中摊放处理，激发鲜叶内酶的活性，散发一部分水分，使含水率降低，叶质柔软，便于做形；同时散发部分青气使鲜叶品质朝着有利方向发展。

杀青在绿茶初制工艺中起到关键作用，其目的是利用高温破坏鲜叶内酶的活性，抑制多酚类物质的酶促氧化。保留鲜叶中大部分内含成分，以形成绿茶清汤绿叶，鲜醇爽口的品质特点。

绿茶的初制工艺

图 4.13 手工杀青

揉捻是通过外力作用使茶叶面积不断缩小或形成弯曲形状的过程，同时适当破坏茶叶组织，使制出的茶容易泡出茶汁，又有一定的耐泡度。揉捻既丰富了茶叶外形特征，又促进茶叶内在品质风味的形成。目前除了部分名优绿茶采用手工揉捻之外，绝大多数茶叶采用机械揉捻。

干燥是指通过各种形式的外源热量，降低茶叶中的含水量，使茶叶便于贮藏。干燥过程中还会发生一系列热化学反应，形成茶叶特有的色、香、味、形。绿茶干燥有烘干、炒干、晒干和烘炒结合等几种方式。

（二）黄茶制作工艺与流程

黄茶属于轻发酵茶（10% ~ 20%），因具有黄汤黄叶，故称黄茶。我国黄茶品类相对较少，是六大茶类中产销量最小的一类茶。

黄茶的初制工艺与类似绿茶，只多了一道“闷黄”工序。包括杀青→揉捻→闷黄→干燥四道工艺流程。

闷黄是黄茶制作的关键工艺。茶叶在湿热作用下，闷堆渥黄，进行非酶性自动氧化，叶绿素分解，叶黄素显露，酯型儿茶素减少，苦涩味降低，淀粉水解为单糖，游离氨基酸及挥发性物质增加，使得茶叶滋味醇和甜爽，香气清纯馥郁。

黄茶的初制工艺

依据黄茶闷黄的先后顺序，可分为湿坯闷黄和干坯闷黄。

湿坯闷黄指茶鲜叶在杀青后或热揉后，进行堆闷使之变黄。由于叶子含水量高，几小时就能使之变黄。

干坯闷黄指初烘后再进行装篮堆积闷黄，由于水分少，故而变化较慢，几天时间才达到黄变要求。

（三）黑茶制作工艺与流程

黑茶属后发酵茶，一般原料较粗老，经过较长时间的堆积发酵，叶色油黑或黑褐，故名黑茶。黑茶成品繁多，炒制技术和压造成形的方法不尽相同，形状多样化，品质不一，总体的品质特点为外形粗黑，陈香味厚。

传统黑茶采用较为粗老的原料加工制作而成，基本工艺流程是杀青→揉捻→渥堆→干燥。

黑茶的初制工艺

杀青是利用高温在短时间内破坏酶的活性，阻止多酚类物质氧化。

揉捻使茶叶卷曲成条，同时破化芽叶细胞，茶汁外溢，在湿热作用下多糖分解、果胶类物质得以转化，使茶团具有一定黏性，便于塑形。

渥堆是黑茶品质形成的关键工序。渥堆过程又称后发酵作用，即茶叶经过长时间高温、高湿的堆放处理，产生多酚类非酶促氧化反应，同时在微生物代谢活动的综合作用下，促进多酚类物质转化，形成多种氧化产物，使滋味醇和、色泽暗褐，同时糖类、蛋白质类大分子物质大量分解，生成单糖和游离氨基酸，塑造出独特的品质风味。总之，渥堆是黑茶特有的制造技术，主要目的有两个，一是破坏叶绿素，使叶色由暗绿变成黄褐；二是使多酚类化合物氧化，除去部分涩味和收敛性。

图 4.14 渥堆发酵

黑茶干燥采用人工热源烘干或天然晒干，目的是蒸发水分，达到足干，便于储藏的同时固定品质、促发香气。

（四）白茶制作工艺与流程

白茶的初制工艺

白茶属微发酵茶（发酵度10%左右），因成茶多为芽头，满披白毫，如银似雪而得名，是我国特有的茶类，主要产于福建福鼎、政和、建阳、松溪等地，具有香气清新素雅，毫香重，汤色浅淡或黄亮，毫味显，味鲜爽口，甘醇的品质特点。白茶能久藏，民间俗语“一年茶，三年药，七年宝”。目前茶叶市场上的白茶自然陈化为老白茶，有独特的“药香”“荷香”“枣香”，深受消费者的喜爱。

白茶制作工序简单，不炒不揉，是最自然天成的茶类。初制工艺主要包括：萎凋→干燥（晒干 / 文火烘干）。虽然加工工序较少，但技术要求高。

萎凋是白茶制作的关键工序。即把采摘下来的茶鲜叶摊放于竹席上，置于微弱的阳光下或置于通风透光较好的室内，让其散失部分水分，增强氧化酶的活性，引发各种酶促氧化反应。白茶萎凋过程也是发酵过程，叶绿素、蛋白质、多糖等大分子物质趋于水解，对叶色和滋味有重要影响，同时多酚类物质氧化聚合，儿茶素减少，苦涩味降低，对香气、滋味和颜色都有贡献。

干燥是为了去除多余水分，破坏酶的活性，终止酶促氧化反应，发展香气，固定品质，便于储藏。白茶的干燥方式重天然，晾干或用文火烘干。

图 4.15　日晒萎凋

（五）红茶制作工艺与流程

红茶属于全发酵（发酵度 80% ~ 100%）茶类，因其叶底色泽和茶汤以红色为主调，故名红茶。红茶起源于中国，发扬于英国，走向世界，是世界产销量最大的茶类，约占全球茶叶总量的 56%。但我国的红茶有着自己的特色。

红茶的初制工艺

红茶的初制包括萎凋→揉捻→发酵→干燥四个工艺流程。

萎凋是指将鲜叶在常温或适度加温下长时间交替放置，使其失去部分水分，叶质变柔软，为揉捻打下基础，同时增强酶的活性，引起内含物质发生化学变化，为茶叶色香味品质的形成奠定基础。

揉捻是破坏叶细胞使茶汁渗出的过程，使酶能够与多酚类物质充分接触，便于氧化作用，为发酵做准备，同时促使茶叶紧卷成条，便于做形。

发酵是形成红茶品质的关键工序，在发酵过程中茶叶内多酚类物质在酶的作用下发生酶促氧化反应，叶色逐渐变红，生成茶黄素、茶黄素、茶褐素等物质，同时伴随着氨基酸、可溶性糖的增加，甜香花果香显现，从而形成红茶“红叶红汤，香甜味醇”的品质特点。

红茶干燥的目的，一是杀死茶叶中催化酶的活性，使茶叶停止发酵，避免发酵过度，二是蒸发茶叶中的水分，缩小体积，固定外形，保持干燥，防止霉变，便于贮藏。三是将大部分低沸点青草气味散发掉，激发并保留高沸点芳香物质，从而得到红茶特有的甜香。

（六）青茶制作工艺与流程

乌龙茶的初制工艺

按现行国家标准 GB/T 30766—2014《茶叶分类》的规定，青茶是以特定茶树品种的鲜叶为原料，经萎凋→做青→杀青（炒青）→揉捻（造型）→干燥等特定工艺制成的产品。青茶属部分发酵茶（发酵度 20% ~ 70%），因外形色泽青褐，故称青茶，是我国特有的茶类之一，具有色泽青褐，汤色黄亮，花香浓郁，滋味醇爽，叶底绿叶红镶边的品质特征。

萎凋使鲜叶散发部分水分，提高茶叶韧性，便于后续工序的进行，同时增强酶的活性，散发部分青草气，有利于香气透露。常见的萎凋方式有四种：晾青即室内自然萎凋，晒青即日光萎凋，烘青即加温萎凋，人控条件萎凋。

做青是乌龙茶制作最关键、操作最复杂的工艺，表现为摇青与晾青多次反复交替进行，以此控制鲜叶水分与酶促氧化的进程。摇青有手工摇青和机器摇青两种。在摇青过程中茶叶不断翻转跳动、相互摩擦，叶边缘组织适度损伤，酶的活性增强，由此发生局部酶促氧化反应，同时产生大量芳香物质，乌龙茶特殊的品质风味就此形成。

杀青类似绿茶的炒青工艺，一方面，利用高温破坏酶的活性，及时终止酶促氧化反应，从而固定做青的特定品质；另一方面，杀青时的高温有利于具有青草气的低沸点物质的挥发和高沸点香气物质的凸显，从而增进茶香。此外，水分逐渐蒸发，叶质逐渐软化，韧性得以提高，有利于后续造型的工序。

揉捻是乌龙茶造型的一个过程，主要在于塑造特定的外观形态。通过向茶团施加一定机械力，使茶叶卷曲成形，茶汁外溢，进一步促进茶叶色香味的形成。颗粒型乌龙茶如铁观音揉捻力度重些，采用反复包揉的方式，而条形乌龙茶如岩茶趁热揉捻成紧直条状即可。

干燥的目的是蒸发茶叶中的水分，缩小体积，固定外形和品质，保持足干，防止霉变。

三、世界非遗制茶技艺与名茶代表

2022 年 11 月 29 日，我国申报的“中国传统制茶技艺及其相关习俗”项目，经联合国教科文组织保护非物质文化遗产政府间委员会评审通过，列入联合国教科文组织人类非物质文化遗产代表作名录。

中国传统制茶技艺及其相关习俗是有关茶园管理、茶叶采摘、茶的手工制作，以及茶的饮用和分享的知识、技艺和实践。自古以来，中国人就开始种茶、采茶、制茶和饮茶。作为传承中华文化的重要载体，茶文化已深深融入中国人生活。制茶师根据当地风土运用杀青、闷黄、渥堆、萎凋、做青、发酵、窨制等核心技艺，发展出绿茶、黄茶、黑茶、白茶、乌龙茶、红茶六大茶类及花茶等再加工茶，2000多种茶品，并由此形成了不同的习俗，世代传承，贯穿于中国人的日常生活、仪式和节庆活动中，体现了中国人所秉持的谦、和、礼、敬的价值观。

本次入选的“中国传统制茶技艺及其相关习俗”共涉及浙江、福建、北京、江苏、江西、湖南、安徽、湖北、河南、陕西、云南、贵州、四川、广东、广西等15个省区市在内的44个国家级非遗代表性项目，涵盖绿茶、红茶、乌龙茶、白茶、黑茶、黄茶、再加工茶等39项传统制茶技艺和5项相关习俗。

（一）绿茶非遗制茶技艺与名茶代表

绿茶是我国产量最多的茶类，也是我国历史上出现最早的茶类。绿茶属于不发酵茶，茶性偏寒，经杀青、整形、烘干等工艺制作而成。由于不发酵，鲜叶颜色少有改变，保持了天然的绿色。

绿茶制作技艺国家级非遗代表性项目有：西湖龙井制作技艺、婺州举岩制作技艺、紫笋制作技艺、安吉白茶制作技艺、碧螺春制作技艺、雨花茶制作技艺、黄山毛峰制作技艺、太平猴魁制作技艺、六安瓜片制作技艺、赣南客家擂茶制作技艺、婺源绿茶制作技艺、信阳毛尖制作技艺、恩施玉露制作技艺、都匀毛尖制作技艺、蒙山茶制作技艺。

1. 西湖龙井制作技艺

“茶为国饮，杭为茶都”，提起茶就绕不开杭州，西湖龙井茶是杭州的“金名片”。在长期的生产实践中，西湖龙井产地逐渐摸索出了一套具有鲜明特色的制作技艺，即“抓、抖、搭（透）、拓（抹）、捺、推、扣、甩、磨、压”十大手法。制成的西湖龙井扁平光滑，色泽嫩绿，汤色明亮，嫩栗香或豆花香明显，滋味鲜醇爽口，以“色绿、香郁、味甘、形美”四绝著称，有“绿茶皇后”之美誉。

2. 碧螺春制作技艺

碧螺春制作技艺分为采摘、拣剔、摊放、高温杀青、揉捻整形、搓团显毫、文火干燥七道工序。成茶后的碧螺春集形美、色艳、香浓和味醇“四绝”于一身，外形条索纤细，成螺形卷曲，披满茸毫，色泽银绿隐碧，当地人称：“铜丝条，螺旋形，浑身毛；一嫩三鲜自古少”，被誉为“四绝”盖世的“天下第一茶”。

3. 黄山毛峰制作技艺

黄山毛峰属绿茶烘青类，原产地为黄山市徽州区富溪乡等地。每年清明谷雨，选摘初展肥壮鲜嫩芽叶，经采摘、杀青、轻揉、烘焙等工序精心制作而成。入杯冲泡汤色清澈微黄，滋味醇甘，香气如兰，韵味深长，被誉为茶中珍品。

4. 恩施玉露制作技艺

恩施玉露是产自有“世界硒都”之美誉的湖北恩施，选用地方优良品种茶树鲜叶，经特定工艺加工而成的蒸青针形绿茶。天然富含有机硒，是中国蒸青针形绿茶的典型代表。

（二）红茶非遗制茶技艺与名茶代表

红茶为全发酵茶，具有红茶、红汤、红叶、香甜味醇的特征。世界上最早的红茶由中国明朝时期福建武夷山茶区的茶农发明，名为正山小种。红茶以适宜的茶树新芽叶为原料，经萎凋、揉捻（切）、发酵、干燥等一系列工艺过程精制而成。

红茶制作技艺国家级非遗代表性项目：祁门红茶制作技艺、滇红茶制作技艺、坦洋工夫茶制作技艺、宁红茶制作技艺。

1. 祁门红茶制作技艺

祁门红制茶过程分为初制和精制两大部分，其中初制有萎凋、揉捻、发酵、干燥等工序，精制有筛分、切断、风选、拣剔、复火、匀堆等工序。传统祁红质量，全取决于手上功夫，所以祁红又叫“祁门工夫红茶”。成品祁红，外表色泽乌润，条索紧细，汤色红艳透明。清香持久，独树一帜，被誉为“祁门香”。

2. 坦洋工夫茶制作技艺

坦洋工夫茶发源于福建省福安市，其制茶过程分萎凋、揉捻、发酵、干燥四个步骤，先使新鲜茶叶中的多酚类化合物适度氧化，再做成有条索的红毛茶，保持芽叶完整，红色红汤。经过筛分、切断、风选、拣剔、复火、匀堆等工序，分成各个级别的商品茶。

（三）青茶非遗制茶技艺与名茶代表

青茶即乌龙茶，为部分发酵茶，是中国特有的茶类，主要产于福建、广东、台湾三省。乌龙茶创制于 1725 年（清雍正年间）前后。品尝后齿颊留香，回味甘鲜。乌龙茶经采摘、萎凋、摇青、炒青、揉捻、烘焙等工序制作而成，摇青这一特殊工艺能使茶叶适当发酵，叶片稍有红变，因此它既有绿茶的鲜爽，又有红茶的醇厚，还有花茶的芳香。

乌龙茶制作技艺国家级非遗代表性项目：武夷岩茶（大红袍）制作技艺、铁观音制作技艺、漳平水仙制作技艺。

1. 武夷岩茶（大红袍）制作技艺

武夷岩茶（大红袍）制作技艺共有 10 道工序，环环相扣，不可或缺。在整个工艺流程中，“两晒两晾”的复式萎凋，长达 8 个小时的摇筛做青、发酵偏重，叶缘呈朱砂红色；“双炒双揉”；毛茶足火，最后长达 7 小时的低温久烘等，都是武夷岩茶（大红袍）制作工艺所独有的。

2. 铁观音制作技艺

福建省安溪县产茶历史悠久，始于唐末，兴于明清而盛于现代。制作安溪铁观音，先要以晒青、凉青、摇青等方法控制和调节茶青，使之发生一系列物理、生物变化，形成“绿叶红镶边”和独特的色、香、味，再以高温杀青，制止酶的活性，最后进行揉捻和反复多次的包揉、烘焙，形成带有天然兰花香和特殊韵味的高雅茶品。

（四）白茶非遗制茶技艺与名茶代表

白茶属微发酵茶，是中国茶类中的特殊珍品。因成品茶多为芽头，满披白毫，如银似雪而得名。白茶因茶树品种和原料要求的不同，分为白毫银针、白牡丹、寿眉、贡眉四种产品。白茶不经杀青或揉捻，只经过晒或文火干燥后加工而成，具有外形芽毫完整、满身披毫、毫香清鲜、汤色黄绿清澈、滋味清淡回甘等特点。

图 4.16　白毫银针

白茶制作技艺国家级非遗代表性项目为福鼎白茶制作技艺。

福鼎白茶主产于福建省福鼎市，有“白茶之乡”的美誉，因芽头肥壮，满披白毫，如银似雪而得名。福鼎白茶加工沿用古法，经自然萎凋，不炒不揉，文火足干，充分利用温度和阳光，以适度的自然氧化，保留了丰富的活性酶和多酚类物质，使福鼎白茶具有抗炎清火、保护肝脏等效果和素雅清幽的口味。

（五）黑茶非遗制茶技艺与名茶代表

黑茶属后发酵茶，因成品茶外观呈黑色而得名，制作工艺一般包括杀青、揉捻、渥堆和干燥四道工序。黑茶香气醇和、滋味浓郁回甘爽滑，口感厚重。黑茶又称边销茶，是藏族、蒙古族、维吾尔族等少数民族的日常必需品。

黑茶制作技艺国家级非遗代表性项目：千两茶制作技艺、茯砖茶制作技艺、南路边茶制作技艺、下关沱茶制作技艺、赵李桥砖茶制作技艺、六堡茶制作技艺、长盛川青砖茶制作技艺、咸阳茯茶制作技艺、贡茶制作技艺、大益茶制作技艺。

1. 茯砖茶制作技艺

茯砖茶产于湖南省益阳市，其技艺以优质黑毛茶为原料，经渥堆、发酵、筑制成型和发花等环节制作而成。数百年来，在我国西北地区，茯砖茶与奶、肉并列，以其不可替代的独特功效成为各少数民族的生活必需品，被誉为中国古丝绸之路的“神秘之茶”和西北各少数民族的“生命之茶”。

图 4.17 茯砖茶制作技艺“发花”

2. 六堡茶制作技艺

六堡茶制作技艺是以广西梧州市、桂林市、横州市等地种植的茶叶为原材料，经过采青、晾青、杀青、揉捻、沤堆等多道工序，制造出外观色泽黑褐光润、茶汤呈琥珀黄红之色、喝时滋味醇厚甘爽、闻有槟榔香味等品质特征的六堡茶的传统技艺。

（六）黄茶非遗制茶技艺与名茶代表

黄茶为轻发酵茶，制作工艺与绿茶类似，但是多了一道闷黄工序。按鲜叶老嫩、芽叶大小，又分为黄芽茶、黄小茶、黄大茶、贵州唐朝古法黄茶。黄茶在冲泡时可用玻璃杯或盖碗，尤以玻璃杯泡君山银针为最佳，可欣赏茶叶似群笋破土，缓缓升降，堆绿叠翠，有“三起三落”的妙趣奇观。

黄茶制作技艺国家级非遗代表性项目：君山银针茶制作技艺。

君山银针茶制作技艺分采摘、摊晾、杀青、摊凉、初烘、初包、复烘、复包、足火、精选十道工序，制茶历时约 4 天。制成的君山银针茶外形芽壮多毫，带有淡黄色茸毫，有“金镶玉”之誉。冲泡后，香气清鲜，汤色浅黄，滋味甜爽，叶底明亮。

（七）花茶非遗制茶技艺与名茶代表

花茶，又名“熏花茶”“窨花茶”“香片”，属于再加工茶类。茉莉花茶经多次用绿茶做坯和茉莉鲜花窨制加工而成。人们利用茶善于吸收异味的特点，将有香味的鲜花和新茶一起闷，茶将香味吸收后再把干花筛除，茶引花香，花增茶味，使茶味与花香巧妙地融合，制成的花茶香味浓郁，茶汤色深。

花茶制作技艺国家级非遗代表性项目：福州茉莉花茶窨制技艺、吴裕泰茉莉花茶制作技艺、张一元茉莉花茶制作技艺。

1. 福州茉莉花茶窨制技艺

福州茉莉花茶源于宋，成于明，盛于清。据《中国植物志》记载，茉莉花在西汉传入中国，落户福州。福州茉莉花茶窨制工艺源于古人提取香气精油的原理。福州茉莉花茶采用烘青绿茶进行窨制，工艺即花一层茶一层重重叠叠，充分拌匀、充分通氧，让花不失生机，茶吸收新鲜的花香达到饱和状态，即为窨制。如此制茶，无论档次高低，其冲泡数回仍香气犹存。

2. 吴裕泰茉莉花茶制作技艺

吴裕泰茉莉花茶技艺主要包括茶坯制作、花源选择、鲜花养护、玉兰打底、窨制拼和、通花散热、起花、烘焙、匀堆装箱等九道工序。最终形成了吴裕泰茉莉花茶“香气鲜灵持久，滋味醇厚回甘，汤色清澈明亮，耐泡”等特色。

任务三　茶产业可持续发展

一、科技支撑

科技在茶产业的可持续发展中起到关键作用。具体表现为：茶园管理优化加工、茶叶检测溯源及拓展深加工、教育培训与数字化应用三个方面。

（一）茶园管理优化加工

1. 茶树品种改良与选育

我国茶树品种丰富多彩，有许多高产优质的良种在生产上推广应用，优良品种各具有不同的特征特性，了解茶树共性，有助于更好改良与选育良种。

茶树优良品种的许多经济性状和特征必须通过如植株形态、分枝状况、芽叶特点、适制性能、产量情况和生物学特性等表现出来。

茶树品种改良需要运用多种现代生物技术，开展茶树种质资源，识别茶树主要品种，采集制作茶树标本、建立茶树种质资源圃进行茶树育种实验，在 DNA 分子水平上进行多态性检测，获取茶树分子标记。基因组 DNA 的提取和分析是茶树分子生物学研究的重要基本技术之一。茶学研究人员对茶树进行多态性分析，再运用茶树杂交技术、诱导茶树多倍体技术等技术、茶树短穗扦插技术、茶树嫁接技术等茶叶生物技术实验，培育出具有高产、优质、抗病虫害等优良性状的茶树新品种，提高茶叶的产量和品质。加快了品种更新换代，适应不同气候和土壤条件，扩大茶叶种植范围。

2. 茶园精准种植与管理

茶园精准种植与管理可通过借助数字化物联网显示技术，通过传感器实时监测茶园的土壤湿度、肥力、酸碱度等指标，实现精准灌溉、施肥和土壤改良。

茶园管理通过精准农业技术的应用，能够实现对茶园的精准管理：通过监测土壤传感器测定茶园土壤酸碱度、有机质和重金属含量，评估测定茶树的氮、磷、钾元素组成茶园质量安全系统，借助智慧灌溉系统科学精确控制灌溉，通过手机端控制系统。

图 4.18 茶园精准种植与管理

通过大气环境传感器对茶小绿叶蝉等半翅目、茶毛虫等鳞翅目、茶长白蚧等同翅目及茶丽纹象甲等鞘翅目等多种害虫进行探测，能够及早发现病虫害精准防治的频率，控制虫害在茶园的数量，避免造成严重经济损失。

将人工智能识别技术应用到茶树病虫害的识别上，实时监控茶饼病、茶白星病、茶云纹叶枯病、茶轮斑病、茶炭疽病等常见茶树病害和致病源，分析危害症状和发病规律，做到早发现早防治。

茶学科技工作者在推广茶园间作等生态种植模式，增加生物多样性，改善茶园生态环境，促进茶叶的可持续生产，搭建茶园质量安全追溯系统，实现茶园的精准种植与管理，有效建设科技生态茶园。

3. 茶园高效采摘与修剪

茶叶修剪、采摘和茶叶加工生产季节性强，生产期集中、周期短，劳动强度大。茶叶采摘与修剪是茶叶生产过程中用工较大的一项田间作业，这些田间作业的用工量几乎占全年茶园管理用工的 75% 以上。未来科技在茶园采摘中可以应用的有：无人机为载体，搭载高光谱成像仪、多光谱相机等传感器，获取茶园地表及地表附着物的连续光谱及图像信息，利用遥感光谱曲线描述地上物的光谱特征，进而实现茶树生长检测，分析采摘或修剪的合适时间，保障品质稳定高效。

我国生产的采茶机类型较多，有单人采茶机和双人采茶机，均属于切割式采茶机。需要提前对茶树进行必要的管理才可以实现机械化采茶，保证树冠整齐采摘面基本理想。

国内科研机构已经研发和应用智能采摘机器人，利用人工智能深度学习技术，识别检测后用电脑指挥机械臂确定采摘芽叶目标，未来将实现茶叶采摘智能化。

图 4.19　机器人在茶园的应用

图 4.20　高科技新型修剪机

操作使用高科技新型修剪机在修剪作业时能提高效率保证品质稳定，夏秋季还能根据茶叶生长状态适时采摘。采茶工掌握修剪机使用方法，合理采摘能提高工效、降低成本。修剪机的切割器有平形和弧形，大部分修剪机都采用双动刀片往复切割式。大多数修剪机动力采用汽油机，少数采用蓄电池电动机。

国内很多茶园建设数字化茶园，通过搭建物联网大数据平台可以实现茶园产量数字化，鲜叶质量实时检验，实现茶园高效采摘与修剪管理。

4. 科技应用以提高茶叶加工效率和质量

茶园科学高效的管理借助于物联网大数据，采用先进的加工设备、鲜叶预处理设备、茶叶微波杀青、远红外干燥设备等，优化茶叶的加工工艺流程，能够提高茶叶的色香味形，提升茶叶质量的稳定性，提高每亩的茶叶产量和质量。

提升加工设备智能化和工艺创新，将智能化技术应用在茶叶加工设备，根据预设茶叶加工炒制温度、时间和力度等参数，精准控制茶叶机械，确保茶叶口感和香气的稳定性，稳定产量和质量，提高茶叶加工效率。

茶园可搭建物联网平台，将鲜叶预处理设备等茶叶加工机械，组成远程可视化监控系统和生产车间大数据监控系统，对车间的温湿度、光照度等进行远程监控、远程控制、远程诊断的操作。实现茶叶加工管理、控制、运营一体化，进而提高效率和质量稳定性。

（二）茶叶检测溯源及拓展深加工

1. 茶叶质量检测与溯源

通过运用高灵敏度的检测仪器，对茶叶中的农药残留、重金属、微生物等进行快速准确检测，确保茶叶符合质量标准。利用智能化的病虫害监测系统，提前预警并采取针对性防治措施，减少农药使用，保障茶叶的生态安全。

图 4.21 茶叶质量检测

通过高效液相色谱、气相色谱等精密仪器，可以准确检测茶叶中的农药残留、重金属含量。测定茶叶中游离氨基酸总量、黄酮类化合物总量、儿茶素总量、咖啡碱含量、茶叶中可溶性糖总量，保障茶叶的质量安全。

茶叶质量追溯体系是基于区块链技术，能够为茶产业的质量检测和安全监管提供有力手段。让消费者清楚了解茶叶的生产过程和出产来源，增强消费者对茶叶的信任度。

目前茶叶溯源技术在云南及福建等茶企中得到引用。

2. 茶叶深加工技术应用

茶叶深加工技术在茶产业的可持续发展中起到关键作用。科技在深加工领域得到充分利用和推崇。

茶叶的应用范围广泛，随着深加工技术不断提升，利用茶叶的抗氧化、清除自由基、抑菌、抗辐射、抗过敏等功能。利用纳米技术、萃取技术等高新技术开发，调查、拓展茶叶的应用领域，开发具备附加值的茶叶深加工产品如茶饮料、茶酒、茶食品、超微茶粉等具有自然、健康、便捷等特点的茶产品，制成的含茶产品目前已快速发展，并应用到保健品、食品热加工和饮料加工等领域。

茶食品是利用茶叶的营养与功效成分而制成的含茶食品，随着超微茶粉的兴起和在食品加工的应用，超微茶粉作为一种特色产品广泛用作各类食品的配料、添加料或天然着色剂，开发了如“抹茶粉”系列新型营养健康茶食品，有效改善了食品的营养与保健品质，顺应了人们对低热量、高营养、保健化、便捷化、多元化的饮食要求。

随着现代人消费方式的改变和健康意识的增强，“天然、健康、快捷、方便”成为饮食潮流，饮料加工行业在发展过程中积极开发出多元化茶饮料。茶饮料具有低热量、低脂肪、低糖、营养、保健及消暑解渴的功能，已逐渐成为追求健康人们的最佳选择之一。液体茶饮料（特别是纯茶饮料）产品的加工技术，围绕保留原有茶叶的汤色、香气、滋味等品质特征，无不良异味，澄清明亮，同时尽可能多保留原茶叶中各种有效成分。液体茶饮料生产所用原料主要有两大类，一类是直接用茶叶萃取，纯茶饮料大多采用茶叶直接萃取；另一类是采用速溶茶和浓缩茶汁。未来液体茶饮料的发展趋向于无糖或纯茶饮料、保健茶饮料的开发，注重茶饮料滋味改善，提高茶饮料的稳定性和品质。必须以高品质的茶提取液为主要原料，口感要求更接近各大茶类茶叶的原始自然风味，符合不同消费者的口味爱好，尤其是减少茶的苦味和涩味，提高鲜甜度和鲜醇度。目前液体茶饮料的生产基本以中低档茶为原料，原料茶所含氨基酸含量相对较低，苦涩味较重；茶饮料加工过程中滋味、香气成分都不可避免地有所损耗，导致茶提取原液普遍滋味淡薄苦涩、缺乏鲜醇甘爽。随着科技的发展，未来液体茶饮料的发展还应注重茶饮料风味改善，提升茶食品的加工技术，同时提高茶饮料的稳定性和品质。

近年随着现代人生活节奏的加快与养生意识的增强，茶叶以多种形式添加到食品中，类型丰富、风味不一、品种齐全的茶食品充盈着食品市场，茶食品凭借其营养、保健、独有的特征，已成为食品消费市场的新宠。茶食品的开发推动了食品加工的良性发展，已成为风靡食品市场的畅销品，未来茶产品将成为引领世界潮流的健康产品。茶食品凭借其风味独特、自然、健康、便捷等特点，逐渐发展成为食品类中的高端产品，茶食品在保健营养功能方面具备独特的优势和特色，在丰富食品种类的同时，强调营养功能化，未来各茶食厂家会提升茶食品的加工技术，加大茶食品的宣传力度，拓展茶食品的销售渠道，丰富茶食品的流通体系，促进茶食品行业的发展。

3. 科技提高茶树资源综合利用

图 4.22　科技提高茶树资源综合利用

中国是茶的故乡，茶树资源丰富。随着科技的进步及医学研究的不断深入，茶叶功能成分被分离鉴定，茶树资源综合利用的技术也逐渐发展起来。细胞生物学等基础学科与精细化工的发展为近代日化行业发展提供了基础，近年来植物萃取等高新技术的进步，将日化用品的发展导向以茶树这类天然原材料的健康类产品市场。

近年日化用品行业向着崇尚绿色、回归自然的方向发展，通过深加工技术的应用，提取茶多酚、儿茶素单体及其衍生物、茶氨酸等有效成分，用于医药、保健品、化妆品等领域。

茶树的植物活性成分因具有副作用小的特点，在茶的众多功能成分中，研究成果显著的是茶多酚及其氧化产物。茶多酚类化合物是一类存在于茶树中、由多种酚类化合物组成的混合物，包括儿茶素类；黄酮、黄酮醇类；花青素、花白素类；酚酸类，儿茶素类化合物含量最高，约占茶多酚总量的 80%。茶多酚类化合物是构成茶叶品质的最重要物质成分，是茶叶中具有多种保健功能的第一重要物质。茶多酚将是 21 世纪对人类健康产生巨大效果的化合物，将茶多酚作为日化用品的天然原料，制作提取茶树花精油、茶肥皂、茶洗发香波、茶面膜，具有许多特点和优势：保健功能强，安全性高，属无毒、无刺激性物质，符合日化用品质量标准；其抗氧化活性深受茶科技工作者的喜爱，纷纷在研发各类产品，未来茶叶功能性成分将得到更大的推广和应用。随着科技的日新月异发展，茶树资源综合利用的技术日渐成熟，未来会有更多的人和企业，不断拓展茶树的应用领域，以茶树活性成分为主的天然日化用品将得到很好的利用，会开发出更多品类产品，这些具有高度针对性的产品，将受到消费者的青睐，带动茶深加工产业的发展，提高茶叶资源的利用率和附加值。

（三）教育培训与数字化应用

1. 搭建茶学教育培训平台

利用人工智能、大数据分析等数字化技术，建立茶学教育培训平台，根据智慧教育平台的基本功能要求，构建课程教学体系，详细分析茶农和从业者的优势特长和存在痛点，为他们制订教学计划和设定教学目标。开展茶叶种植、加工技术培训，培训结束后进行质量考核分析。提高茶农和从业者的从业素养。

借助国家智慧教育平台等资源进行推广应用，扩大优质资源辐射，同时建立完善的平台运维机制，持续更新相关教学内容和修复平台漏洞，确保平台能够长期稳定运行。

同时加强茶教育，培养茶文化和科技人才，利用数字化技术进行茶学研究，提升茶产业的科技水平和创新能力，以满足茶学用户群体的学习需求，并推动茶学教育培训的数字化转型。

2. 建立茶产业数字化基地

依据国家或地方政府的茶产业规划和政策建立茶产业数字化基地，首先要确保数字化基地建设符合宏观发展要求，获取必要的财政支持和资源配置。建立高效、透明、可持续发展的茶产业数字化基地。

通过大数据分析和人工智能算法，对茶园管理、茶叶加工、市场销售等环节进行完善，预测市场需求、分析价格走势，为茶企的生产、销售和决策提供科学依据。积极申报建立科技示范基地，加速新技术推广应用，推动茶产业整体科技水平的提升。

同时搭建电商平台和数字化营销渠道，运用数字化手段进行品牌推广和市场营销，通过社交媒体、电子商务等渠道拓宽市场，提升品牌知名度，提高影响力和市场占有率。建立基于大数据的采集和反馈循环机制，不断收集用户反馈和市场数据，并及时反馈调整和优化策略，形成持续改进的闭环，提升茶产业的竞争力和市场适应性。

二、品牌引领

品牌是茶产业可持续发展的核心竞争力之一，强大的品牌能够提升茶叶的附加值，增加消费者的忠诚度，促进茶产业的健康发展。

品牌引领茶产业可持续发展的具体表现主要体现在以下几个方面。

（一）严控质量创新产品

保证茶叶的品质是品牌建设的基础，从源头抓起，严格控制茶叶的种植、采摘、加工等环节，确保茶叶有较高的品质。市场竞争激烈，茶品的品质是底牌。茶是消费品，是用来喝的，注重客户的体验感和口感，在销售的时候先品尝再购买，喝到好的口感客户才会买单。有一些好的茶品口感体验让人上瘾，客户有黏性。把茶做好喝是推广的前提，也是必要的技术。

（二）明确定位建设文化

要确定品牌的市场定位，包括目标消费群体、品牌形象和品牌价值。例如，品牌定位于高端市场，强调茶叶的品质和文化价值；品牌定位针对年轻消费者，打造时尚、便捷的茶饮品牌。品牌的推广方法是：结合当地的地域文化和历史传承，赋予茶品牌文化内涵和故事，提升品牌的魅力和吸引力；区域公用品牌需组织专业营销人员，挖掘历史传说和故事，整理成文字，拍摄成视频，讲好品牌故事。提升品牌的文化价值有利于传播。

（三）提升茶品牌的价值和竞争力

一个知名的茶叶品牌往往能赋予产品更高的价值。消费者愿意为品牌所代表的品质、信誉和独特的体验支付更高的价格，茶产品有本身的价值，加上品牌知名度带来的溢价，使有品牌的茶叶价值增加，提高了企业的利润空间，为产业的持续发展提供保证。

在竞争激烈的茶叶市场中，品牌影响力帮助企业脱颖而出。具有强大品牌影响力的茶叶产品更容易获得客户的青睐。很多品牌名字朗朗上口，通俗易懂。有些茶品牌名字高雅好记好传播，客户想寻找产品的时候，记得牢名字、好搜索，方便下单方便成交，方便复购，可占据更多的市场份额，促进茶产业的健康竞争和有序发展。

（四）产业整合升级品牌

强势品牌的出现会带动整个产业链的整合和优化。促使上下游企业提高生产标准、改进工艺，推动茶产业向规模化、标准化、专业化方向发展，提升产业整体水平。

顺应趋势整合资源：紧跟市场和消费者趋势，如轻量化茶包、节点性特征产品创作等，不断创新以适应市场变化。区域性茶叶品牌可以通过整合当地资源，打造区域公用品牌，形成合力，共同开拓市场。需注重品牌知识产权的保护，第一时间注册商标，打击假冒伪劣产品，维护品牌形象和消费者权益。

（五）营销推广增加黏性

利用多渠道进行品牌推广，包括线上社交媒体营销、线下活动、茶文化体验等。与消费者建立良好的互动关系，提高品牌的知名度和影响力。

良好的品牌推广让消费者认可并信任这个品牌，就会形成持续购买的习惯，能够建立消费者的忠诚度，为茶企业带来稳定的收入来源，保障企业长期稳定的发展。具体途径如下：

（1）利用互联网、社交媒体、展会等多种渠道，广泛宣传品牌形象和产品特点，提高品牌的知名度和美誉度。

（2）与知名企业、电商平台等合作，拓展销售渠道，提升品牌的市场占有率。

（3）把茶品牌传播融合到茶文化传播过程中：把茶品牌的塑造过程融入丰富的茶文化内涵，通过各种茶文化的推广活动，让更多的人了解和体验到茶，从而喜爱茶文化，促进茶文化的传承与创新，为茶产业的发展注入文化动力，品牌得到传播。

（4）茶品牌维护要加强对茶品牌的知识产权保护，打击假冒伪劣产品，维护企业品牌的良好声誉。根据市场反馈和消费者需求，不断改进产品提升服务，保持品牌的活力和竞争力。

（5）推动创新发展。为了保持品牌的活力和竞争力，茶企要不断进行创新，包括产品创新、包装创新、营销创新等，从而推动整个茶产业的创新发展，满足消费者不断变化的需求。

（6）带动区域经济发展。知名的茶叶品牌可以成为一个地区的名片，带动当地的旅游、餐饮等相关产业的发展，促进区域经济的繁荣。

（7）拓展国际市场。具有影响力的品牌能够打破地域限制，走向国际市场。在国际市场上树立中国茶的良好形象，提升中国茶产业在全球的地位和影响力，推动茶产业的国际化发展。

三、数字赋能

数字赋能茶产业可持续发展主要体现在供应链智能化、市场分析精准化、销售渠道数字化、产业环节协同化四个方面。

（一）供应链智能化

利用大数据和区块链技术，通过物联网技术实时监测。实现茶叶从种植、采摘、加工、运输到销售的全过程追溯。消费者可以清晰了解茶叶的来源和生产过程，增强对产品的信任，也有助于提升茶企的品牌形象和市场竞争力。

（二）市场分析精准化

借助大数据分析，了解市场需求、消费者偏好和价格趋势等信息。茶企能够更精准地进行市场定位，开发符合市场需求的产品，优化产品结构，制定合理的营销策略，提高市场占有率。

（三）销售渠道数字化

在销售环节，应用在电商销售拓展电商平台和直播带货等数字化销售模式，打破了传统销售的地域限制，拓宽了销售渠道，降低了销售成本。通过对消费者数据的分析，实现精准营销，满足消费者个性化的需求。

通过电商平台和社交媒体，拓展销售渠道，利用直播带货、线上展销等方式，增加产品曝光度，吸引更多消费者，促进茶叶的销售和流通。

（四）产业环节协同化

通过数字平台，促进茶产业链上各环节的信息共享和协同合作，加强茶农、茶企、经销商之间的联系，提高整个产业的运行效率和协同发展能力。

数字化能够提升茶产业供应链的管理效率。利用区块链技术，实现茶叶从种植、加工、运输到销售的全过程追溯，确保茶叶的质量安全和可追溯性。数字化的物流配送系统能够优化物流路线，提高配送效率，降低物流成本。

四、绿色环保

通过建设生态茶园、保护水体资源、节约能源降能耗、合理利用废弃物、维护生物多样性、提倡可降解包装等措施，来实现茶产业的可持续发展。

（一）建设生态茶园

图 4.23 生态茶园

通过采用绿色种植技术如采用生物防治、减少化学农药和化肥的使用，增加有机肥的投入等相关措施，保护茶园的生态平衡，提高土壤肥力，减少土壤污染。为茶树提供良好的生长环境，生产出绿色、有机的茶叶产品，保障茶叶的品质和产量的长期稳定。

通过种植防护林、绿肥等，改善茶园的生态小气候，提高茶园的生态系统稳定性，合理规划茶园的布局，避免水土流失、避免过度开发和破坏生态环境。

（二）保护水体资源

首先在加工过程中必须确保废水必须经过处理后达标排放，最大程度减少对周边水体的污染。同步推广清洁生产技术，采用节能环保的加工设备，提高能源利用效率，降低能源消耗，最大程度减少废水、废气、废渣的排放。

（三）节约能源降消耗

在茶叶种植的生产过程中，更多利用太阳能和清洁能源，减少对传统化石能源的依赖，降低碳排放，同时采用节水灌溉技术，避免水资源的浪费。在茶叶加工环节，推广使用节能设备和工艺，降低能源消耗。

（四）合理利用废弃物

茶园修剪产生的枝叶、加工过程中的茶毫茶末等茶次生下脚料进行合理处理和资源化利用。制成有机肥料或者用于其他环保产品的生产，提升废弃物的利用率。例如：作为饲料添加剂，经过研究分析，茶下脚料中含有粗蛋白、粗纤维、果胶、脂肪等有效功能成分，适合添加到畜禽饲料中，可以给动物提供营养物质。实现茶树资源的最大化利用和减少对环境的污染。大力推广将茶叶加工废弃物进行资源化利用，推动茶产业的循环经济发展。

（五）维护生物多样性

保护茶园周边的生态环境，保留一定的自然植被和栖息地，促进生物多样性的发展。丰富的生物多样性有助于控制病虫害，减少农药使用，形成自然的生态防控体系。倡导恢复受损的生态系统和保护生物的栖息地，向茶园周边居民宣讲“保护环境维护生物多样性”，可以促进人们理解和尊重自然，增强居民环境保护意识，共同遵守保护生物多样性的原则。保护生物多样性的根本措施是多方面的，需要政府、企业和公众共同努力，采取综合措施来保护和恢复生物多样性。

（六）提倡包装环保可降解

提倡选择纸质可降解、可回收的环保材料做茶叶包装，减少塑料等难以降解材料的使用，减少外包装材料使用：通过合理设计减少包装材料的使用量，例如推广使用低克重高强度运输包装纸箱、免胶外包装箱，多使用可降解填充物或尽量减少填充物的使用。优先选择可循环快递包装物和可复用冷藏式快递箱，降低包装废弃物对环境的影响。

（七）推动可持续发展

茶企积极获取相关的绿色环保认证，如有机认证、可持续农业认证等。有助于提升产品的市场竞争力，也能够推动整个行业向绿色环保方向发展。

鼓励茶产区茶农和居民共同参与绿色环保行动，加强环保教育，增强环保意识，营造共同维护茶产区生态茶园环境的良好氛围。

绿色环保理念应当贯穿茶产业的各个环节，对于实现茶产业的可持续发展、保护环境、保障消费者健康以及提升产业竞争力都具有重要意义。

本章小结

我国是茶叶的故乡，人口众多，幅员辽阔，茶叶的生产和消费居于世界之首。中国制茶历史悠久，自发现野生茶树，从生煮羹饮，到饼茶散茶，从绿茶到多种茶类，从手工操作到机械化制茶，其间经历了复杂的变革创新。本章主要介绍了茶树基础知识、茶叶的生产制作和茶产业可持续发展，勤劳智慧的中国人用灵巧的双手创制出的绿茶、黄茶、黑茶、白茶、红茶、青茶及花茶传统制茶技艺被列入人类非物质文化遗产名录，促进了世界文明交流互鉴，在人类社会可持续发展中发挥着重要作用。

实训任务

实践题目：弘扬世界非遗中国茶

实践目的：通过学习世界非遗制茶技艺和代表性名茶知识，讨论当代大学生如何将“中国茶”这一人类非物质文化遗产发扬光大。

实践方法：查阅有关茶文化的书籍和资料，观看关于茶的纪录片，开展茶园实地考察及茶叶加工、品饮体验活动，以小组为单位进行讨论、交流和分享。

思考与练习

一、选择题

1. 中国最古老的茶区是（　　）。

A. 江南茶区　　B. 江北茶区　　C. 西南茶区　　D. 华南茶区

2. 根据相关史料记载和推测，（　　）是最早出现的茶类。

A. 白茶　　B. 黄茶　　C. 青茶　　D. 绿茶

3. 红茶制作的关键工序是（　　）。

A. 萎凋　　B. 杀青　　C. 渥堆　　D. 发酵

4. 花茶属于再加工茶类，以（　　）最出名。

A. 茉莉花茶　　B. 玫瑰花茶　　C. 桂花茶　　D. 菊花普洱茶

二、判断题

1. 日照是茶树生长的第一要素。（　　）

2. 萎凋是黑茶制作的关键性工艺。（　　）

3. 杀青是采用一定温度，使鲜叶中的酶失去活性，或将酶钝化的过程。（　　）

三、思考题

1. 简述中国四大茶区及特点。

2. 简述中国制茶工艺的发展历史。

3. 做青工艺对青茶品质特征的形成有什么影响和作用？

参考答案

项目五

一方茶室品春秋
——茶馆文化

思维导图

项目五　一方茶室品春秋——茶馆文化

- 任务一　茶馆历史与文化特点
- 任务二　茶馆分类与等级划分
- 任务三　茶馆设计与布置

学习目标

知识目标

- 了解中国茶馆发展历史
- 理解茶馆的功能与文化特点
- 掌握茶馆环境布局的要求

能力目标

- 能够根据不同的分类标准，对茶馆进行分类
- 能够根据标准，划分茶馆的等级
- 能够根据功能分区，对茶馆环境进行布置和设计

素养目标

- 感知历史变迁，理解社会变迁对茶馆的影响
- 培养学生严谨、缜密的思维方式和全局观念
- 培养学生的审美情趣和创新能力，提升对美的感悟和鉴赏能力

茶馆是以经营茶、茶水为主要业务的服务场所，在中国有着悠久的历史。它提供茶水服务，是大众喜爱的品茗之地，也是人们交际交流、休闲消遣和娱乐的重要场所。总的来说，茶馆是一个融合了茶文化、社交、文化娱乐和休闲放松功能的场所，是人们日常生活中重要的文化载体和社交平台。

茶馆的称谓可能因地域、文化习俗和历史背景而有所不同，“茶馆”的称呼多见于长江流域一带；两广多称为茶楼，京津多称为茶亭，此外还有茶肆、茶坊、茶寮、茶社、茶室等其他称谓。

任务一　茶馆历史与文化特点

茶馆，作为中国特有的文化现象，承载了丰富的历史和深厚的文化内涵，从而衍生出了茶馆文化。从晋代茶文化的萌芽到现代茶馆的多样化发展，茶馆不仅是品茶之地，更是社会交流、信息传播、文化娱乐的重要场所。历经千年的演变，茶馆已经深深融入了中国人的日常生活和文化记忆中。茶馆从晋代衍生、起源于唐代、兴盛于宋代、普及于明清、发展于现代，茶馆的发展见证了历史的变迁，记录了社会的发展，成为人们日常生活中不可或缺的部分。

一、中国茶馆发展历程

（一）晋代时期：茶馆的衍生

中国茶馆的萌芽可以追溯到晋代。尽管当时茶文化尚未完全成熟，但已有饮茶习惯的记录。《晋书·陆纳传》中提到，陆纳“好饮茶，常以贻亲故”，这显示了饮茶已成为当时社会交往的一部分。晋代的茶饮活动主要在家庭或私人场所进行，还没有形成专门的茶馆。然而，这一时期的饮茶风尚为茶馆的兴起奠定了基础，饮茶逐渐从个人爱好发展为社会习俗，为唐代茶肆的出现铺平了道路。晋代饮茶活动更多地体现了社交功能，友人之间的茶会成为了交流感情、增进关系的重要方式。

（二）唐朝时期：茶肆的起源

唐朝是茶文化繁荣的时期，茶馆的雏形——茶肆开始出现。唐代茶文化的兴起离不开陆羽的《茶经》。这本书不仅系统化了茶叶的种植、采摘、制作和饮用方法，还详细介绍了茶具、茶道等方面的知识，使茶叶生产和消费变得更为规范和讲究。《茶经》的问世，不仅奠定了中国茶文化的理论基础，也促进了茶文化的广泛传播、引导了茶文化的风尚，使得茶肆作为专门的饮茶场所应运而生，并迅速在社会各阶层中普及。

茶肆作为提供简单茶水服务的场所，在唐代成为人们休憩和交流的地方。白居易在《琵琶行》中提到“商人重利轻别离，前月浮梁买茶去”，反映了当时茶叶贸易的繁荣。茶肆不仅满足了人们对饮茶的需求，还成为了一个重要的社交场所。平民百姓可以在茶肆中放松身心，享受片刻宁静；文人雅士则将茶肆作为聚会、交流思想和创作灵感的地方。茶肆内的环境通常布置简朴，但雅致，常有竹席木桌，雅趣盎然，茶肆的出现极大地推动了茶文化的普及和发展。

（三）宋朝时期：茶馆的兴盛

宋朝是茶馆文化的黄金时代，茶馆不仅是饮茶之地，更是文人雅士聚会、交流思想的重要场所。汴京（今开封）的茶馆尤为著名，《东京梦华录》详细描述了当时茶馆的盛况：茶馆遍布街巷，装饰雅致，提供精美的茶点和精湛的茶艺。宋代茶馆文化注重品茶的艺术性和仪式感，茶馆成为市民日常生活的重要组成部分。茶馆还成为展示和交流书画、文学、音乐等艺术的场所，使其具有浓厚的文化氛围。茶馆的兴盛反映了宋代社会经济的繁荣和文化的高度发展。

（四）明清时期：茶馆的普及

明清时期，茶馆文化进一步普及，城市和乡村都有了许多茶馆。清代茶馆融合了多种娱乐形式，如说书、评书、戏曲表演等，成为综合性的社交和文化场所。北京、南京、杭州等地的茶馆尤为著名，《红楼梦》中描绘了许多茶馆场景，反映了当时茶馆文化的繁荣与多样性。明清茶馆不仅是普通百姓的休闲之所，也是商人和官员交流信息和洽谈事务的地方。茶馆成为社会生活的一个缩影，展示了多层次、多样化的社会交往和文化娱乐功能。

（五）近现代：茶馆的变迁发展

进入近现代，茶馆文化随着社会的发展不断演变。20 世纪初，茶馆开始受到西方咖啡馆文化的影响，融入了更多现代元素。改革开放后，茶馆文化迎来了新的复兴，现代茶馆在保留传统特色的同时，引入了音乐、读书、艺术展览等现代娱乐方式，成为文化交流和社交的重要场所。如今，茶馆不仅是饮茶的地方，还融入了更多社交和文化功能，如举办读书会、艺术沙龙等活动，吸引了不同年龄层次和背景的顾客，展示了茶馆文化的包容性和适应性。

二、中国茶馆的功能

（一）社交功能

茶馆是人们社交的重要场所。古代，茶馆是朋友聚会、经商洽谈、婚丧嫁娶等活动的重要场地；现代，茶馆依然是人们聚会聊天、结交新友、维系人际关系的主要场所。茶馆提供了一个轻松、自由的交流环境，促进了人际关系的维系和发展。在茶馆中，陌生人可以迅速拉近距离，商务人士可以洽谈合作，朋友间可以分享生活点滴。茶馆的社交功能不仅体现在面对面的交流，还通过各种茶艺表演、品茶活动等形式，丰富了社交内容，增强了人与人之间的联系。

（二）信息交流功能

在信息传播不发达的古代，茶馆是信息交流的重要场所。茶馆会聚了各类人群，信息流通迅速，人们在茶馆中获取新闻、了解时事，甚至进行商业信息的交换。茶馆的客人来自四面八方，信息交流活跃，是重要的信息交流中心。古代的茶馆经常成为商人、旅客和市民互通有无的地方，不同阶层和背景的人们在这里交换信息，使茶馆成为了一个“信息枢纽”。现代茶馆在保留这一功能的同时，还通过网络服务等方式，进一步促进了信息的交流和传播。

（三）文化传播功能

茶馆是文化传播的重要场所。许多茶馆设有专门的表演区域，提供说书、评书、戏曲等传统表演艺术。这些表演不仅丰富了人们的精神生活，也在潜移默化中传承和传播了传统文化。茶馆文化因此成为了中国传统文化的重要传播途径。茶馆通过举办各种文化活动，如书画展览、茶艺比赛等，吸引了大批文化爱好者前来参与和观赏。茶馆还常常邀请民间艺人进行表演，促进了传统文化艺术的传承与发展，使茶馆成为了文化交流的重要平台。

（四）休闲娱乐功能

茶馆为人们提供了一个放松身心、享受生活的环境。茶客们可以在茶馆中品茶、聊天、观赏表演，度过闲暇时光。现代茶馆还引入了更多的娱乐元素，如网络服务、读书角等，进一步丰富了茶馆的功能，成为人们放松娱乐的重要场所。茶馆的休闲娱乐功能不仅体现在物质享受上，还在精神层面上提供了放松和愉悦的体验。通过各种主题活动和文化节目，茶馆成为人们逃离日常压力、寻找心灵慰藉的地方，体现了茶馆在现代社会中的独特魅力。

三、中国茶馆的文化特点

（一）茶文化的体现

茶馆是中国茶文化的重要载体，茶道礼仪、茶具选择、泡茶技巧等都在茶馆中得以展现和传承。茶馆通过提供高品质的茶叶和茶艺表演，弘扬了中国的茶文化传统。茶馆中的茶道表演、茶艺比赛等活动，展示了中国茶文化的深厚底蕴和独特魅力。每一家茶馆都有其独特的茶艺和茶道精神，通过茶艺师的精湛技艺和细致服务，将中国茶文化的精髓传递给每一位顾客。茶馆因此成为了传播和推广中国茶文化的重要阵地，为文化的传承和创新提供了广阔的舞台。

（二）社会交往的核心

茶馆在中国社会中扮演着重要的社交平台角色。茶馆不仅是个人交友、家庭聚会的场所，也承载着许多重要的商务和政治活动。茶馆的开放性和包容性使其成为不同阶层和背景的人们进行交往的重要场所。茶馆中的社交活动丰富多样，体现了茶馆作为社会交往核心的功能。在茶馆中，不同背景的人们可以通过共同的茶饮爱好，打破社交壁垒，建立起新的友谊和合作关系。茶馆的这种社交功能不仅在古代具有重要意义，在现代社会中也同样重要，促进了人们之间的沟通和交流。

（三）地域文化的融合之所

我国各地的茶馆具有不同的地域特色。北方茶馆注重朴实无华，南方茶馆讲究精致优雅，西南茶馆具有浓厚的地方风情。北方的盖碗茶、南方的功夫茶、云南的普洱茶等，都在茶馆中得到了充分展示。茶馆文化因此成为地域文化的体现和融合之地，各地茶馆风格各异，却都在共同传承和发展着中华茶文化。不同地域的茶馆通过交流和借鉴，形成了丰富多彩的茶馆文化，展示了中国茶文化的多样性和包容性，体现了茶馆文化在不同地域的独特风貌和魅力。

（四）民俗娱乐的窗口

茶馆不仅是品茶之地，也是民俗娱乐的窗口。许多茶馆提供传统的民俗表演，如说书、评书、戏曲、相声等，吸引了大量市民前来休闲娱乐。茶馆因此成为了民俗文化的重要展示平台，丰富了人们的文化生活。这些民俗表演不仅娱乐了大众，也在无形中传承了中国的传统文化和民间艺术。茶馆通过组织各种民俗活动，营造了浓厚的文化氛围，使顾客在享受茶饮的同时，也能体验到丰富多彩的民俗文化。这些活动不仅提升了茶馆的文化品位，也增强了人们对传统文化的认同感和自豪感。

▶ **拓展阅读**

近现代海南茶馆文化的缩影——海南老爸茶楼

任务二　茶馆分类与等级划分

中国茶馆文化丰富多样，历经千百年传承和演变，形成了多种多样的类型和风格。根据不同的分类标准，茶馆可以进行不同的分类：按照茶馆的风格和经营模式进行分类，有传统型茶馆、现代型茶馆、新中式茶馆、综合型茶馆；按地域特色划分，有京派茶馆、川渝茶馆、江南茶馆、粤派茶馆、闽南茶馆等。

一、茶馆的分类

（一）按照茶馆的风格和经营模式进行分类

1. 传统型茶馆

传统型茶馆以弘扬传统茶文化为宗旨，强调传统的茶艺、茶道和文化氛围。这样的茶馆通常保留了古老的建筑风格和装饰，内饰多采用木质结构，营造出古朴典雅的氛围。传统型茶馆的茶艺表演、茶道仪式严格遵循古代礼仪，使顾客在品茶的同时，能够感受到浓厚的文化底蕴。传统型茶馆提供的茶叶多为经典的中国茶，如龙井、铁观音、普洱等，茶具也多为传统的紫砂壶、陶瓷杯等。此外，传统型茶馆通常还提供各种中式点心，如花生糕、绿豆糕、茶饼等，以搭配茶饮，增添品茶的乐趣。

图 5.1 传统型茶馆

2. 现代型茶馆

现代型茶馆注重现代设计和时尚元素，空间布置更加简约和多样化，符合现代人的审美和生活方式。这类茶馆在装修上多采用时尚、简约的风格，家具和装饰品也多为现代设计，营造出一种轻松、舒适的氛围。现代型茶馆不仅提供传统的茶饮，还融入了现代饮品，如奶茶、果茶、咖啡等，吸引了更多年轻顾客。此外，现代型茶馆通常结合了咖啡厅和书吧的元素，提供免费的 Wi-Fi、充电设施，甚至设有书籍和杂志区，使其成为人们休闲、工作、学习的好去处。比如奈雪的茶、喜茶等，都是时下流行的现代茶馆品牌。

图 5.2 现代型茶馆

3. 新中式茶馆

新中式茶馆是传统与现代的结合体，既保留了传统茶文化的精髓，又融入了现代化的服务和设施。新中式茶馆在装修风格上，既有传统元素的古色古香，又有现代元素的时尚简约，体现出一种中西合璧的独特美感。在茶饮的选择上，新中式茶馆除了提供传统的茶叶，还推出了多种创新茶饮，如花果茶、养生茶等，满足了不同消费者的口味需求。例如 2018 年兴起的 Tea'st one 就是新中式茶馆的典范，它融合了现代设计与传统茶文化，既提供高品质的茶叶和专业的茶艺服务，还会举办茶艺课程和茶文化讲座，传播茶文化知识，提升顾客的品茶体验。

图 5.3　新中式茶馆

4. 综合型茶馆

综合型茶馆集多种功能于一体，除了提供茶饮服务外，还可能包含餐饮、娱乐、商务洽谈等多种服务项目，适应不同消费者的需求。这样的茶馆空间较大，装修风格多样，可以根据不同功能区域进行设计和布置。综合型茶馆通常设有独立的茶艺表演区、餐饮区、商务洽谈区等，提供多样化的服务。如在餐饮方面，除了传统的茶点，还提供各类中西餐饮，使顾客可以在茶馆内享受到丰富的美食。在娱乐方面，综合型茶馆可能会设有棋牌室、KTV 包厢等，提供更多的休闲娱乐选择。上海和平饭店的和平茶馆就是综合型茶馆的典型代表，这家茶馆不仅提供茶饮，还结合了餐饮、音乐、艺术展览等多种功能。

图 5.4　综合型茶馆

（二）按地域特色划分

1. 京派茶馆

京派茶馆主要分布在北京及其周边地区，以京城的文化特色和风格为主。京派茶馆的装修风格多为古典雅致，注重传统文化的展示。这里的茶馆通常设有戏曲表演区，顾客可以在品茶的同时欣赏到京剧、相声等传统艺术表演。京派茶馆提供的茶叶多为北方人喜爱的品种，如茉莉花茶、

图 5.5　京派茶馆代表——老舍茶馆

菊花茶等，同时也有各类传统中式点心，如豌豆黄、驴打滚等。京派茶馆注重服务质量，茶艺师通常身着传统服饰，提供专业的茶艺服务和讲解。北京的老舍茶馆、王府井茶馆就是京派茶馆的代表。

图 5.6 川渝茶馆

2. 川渝茶馆

川渝茶馆主要分布在四川和重庆地区，以川渝地区的文化和饮食习惯为特色。川渝茶馆的装修风格多为古朴自然，注重营造一种轻松、自在的氛围。这里的茶馆通常设有露天茶座，顾客可以在户外品茶，享受自然风光。川渝茶馆提供的茶叶多为当地特产，如竹叶青、峨眉雪芽等，同时也有各类川渝特色小吃，如担担面、钟水饺等。川渝茶馆注重亲切的服务态度，茶艺师通常为顾客提供热情周到的服务，使人感到宾至如归。比如成都的鹤鸣茶社，就是川渝茶馆的典型代表。

图 5.7 江南茶馆

3. 江南茶馆

江南茶馆主要分布在江南地区，以江南水乡的文化和风情为特色。江南茶馆的装修风格多为雅致秀美，注重细节和品质的体现。这里的茶馆通常设有临湖临水的雅座，顾客可以在品茶的同时欣赏到水乡的美景。江南茶馆提供的茶叶多为绿茶和花茶，如龙井、碧螺春、茉莉花茶等，同时也有各类江南特色点心，如桂花糕、南瓜饼等。江南茶馆注重雅致的氛围营造，茶艺师通常以优雅的仪态和专业的茶艺服务，让顾客在品茶的过程中享受到身心的放松。代表茶馆有杭州的“湖畔居”和苏州的“寒山寺茶馆”，这些茶馆不仅提供高品质的茶饮，还展示了浓郁的江南文化。

4. 粤派茶馆

粤派茶馆主要分布在广东及其周边地区，以广东的饮食文化和习惯为特色。粤派茶馆的装修风格多为简约大方，注重舒适和实用。这里的茶馆通常设有宽敞明亮的茶厅，顾客可以在宽敞的空间内悠闲地品茶。

图 5.8　粤派茶馆

粤派茶馆的一大特色是“一盅两件”。“一盅”指的是一壶茶，“两件”则是指两件点心。广东人习惯于早茶时段去茶馆，一边品茗一边享用各式点心，如虾饺、叉烧包、蛋挞等。粤派茶馆注重高效的服务，茶艺师通常训练有素，能够快速而准确地为顾客提供服务，使茶馆的运作井然有序。代表茶馆有广州的“莲香楼”和“陶陶居”，这些茶馆既保留了岭南茶文化的传统，又融入了现代生活的便利。

5. 闽南茶馆

闽南茶馆主要分布在福建南部地区，以闽南地区的茶文化和风俗为特色。闽南茶馆的装修风格多为古朴典雅，注重传统文化的传承。这里的茶馆通常设有茶艺表演区，顾客可以在品茶的同时观赏到闽南特色的茶艺表演。闽南茶馆提供的茶叶多为当地特产，如铁观音、大红袍等，同时也有各类闽南特色小吃，如花生汤、葱油饼等。闽南茶馆注重文化氛围的营造，茶艺师通常身着传统服饰，以专业的茶艺表演和细致的讲解，使顾客在品茶的过程中，深入了解闽南茶文化。代表茶馆有厦门陈府茶馆和泉州的开元寺茶馆。

图 5.9　闽南茶馆

二、茶馆的等级划分

随着茶文化的普及和茶馆数量的增加，市场竞争日益激烈，对茶馆的服务质量和环境要求也不断提高。为了规范茶馆的经营和服务水平，提升茶馆的整体品质，推动茶文化的健康发展，2014 年 1 月，商务部召开《茶馆等级划分标准》专家审定会，同年 4 月正式发布行业标准《茶馆等级划分与评定》（SB/T 11072—2013），并于 2014 年 12 月 1 日起正式实施。通过等级评定，可以帮助消费者选择合适的茶馆，同时也促使茶馆不断提升自身的服务和品质。

（一）我国茶馆行业等级的划分与标志

1. 等级设置

用星的数量表示茶馆的等级。茶馆星级分为五个等级，即一星级、二星级、三星级、四星级、五星级。最低为一星级，最高为五星级。

2. 等级划分依据

等级划分的依据包括茶馆企业规模、设备设施、技术力量、茶叶及茶水质量、服务能力、管理水平以及环境卫生状况等。

3. 标识

以五角星为茶馆企业的等级标识，一颗五角星表示一星级、二颗五角星表示二星级、三颗五角星表示三星级、四颗五角星表示四星级、五颗五角星表示五星级。

（二）划分基本条件

1. 基本要求

各星级评定项目规定了各等级应具备的硬件设施和服务项目。

星级茶馆应遵守国家相关法律法规，增加突发事件应急处置能力，突发事件处置应急预案应作为各等级茶馆的必备条件。评定等级后，如在运营中发生重大安全责任事故，所属等级将被立即取消，相应等级标识不能继续使用。

2. 设备设施基本要求

茶馆企业的建筑、附属设施设备应符合国家现行安全、消防、卫生、环境保护等有关法律法规和标准的规定与要求。

茶馆企业设备设施的位置、结构、数量、面积、功能、材质、设计、装饰应符合企业运营需要，符合 SB/T 10654—2012《茶馆经营服务规范》要求。

3. 卫生要求

饮用水应符合《生活饮用水卫生标准》（GB 5749—2022）的要求；茶具、食具消毒应符合《食品安全国家标准消毒剂》（GB 14930.2—2012）和《食品安全国家标准消毒餐（饮）具》（GB 14934—2016）的要求；室内卫生应符合饭馆（餐厅）卫生标准(GB 16153)的要求；室内空气质量应符合室内空气质量标准(GB/T 18883)的要求。

4. 服务基本原则

遵守国家法律法规，保护消费者的合法权益；对消费者礼貌、热情、友好；尊重消费者的信仰与风俗习惯，不损害民族尊严，一视同仁；关注并尽量满足消费者的合理要求，高效率地完成服务。

5. 管理制度要求

应有完善的规章制度、服务标准，建立健全的消防安全、食品卫生、环境保护以及员工教育培训等管理制度，建立服务质量管理制度；制定员工手册和服务操作规范；在茶馆明显位置设立投诉、表扬电话及标识，并设专人管理，做到及时答复和改进。

6. 服务基本要求

员工仪容仪表应达到以下标准。

（1）工装整洁、合体，佩戴工牌上岗；

（2）女服务员宜化淡妆，不留长指甲，不涂指甲油、不喷香水；

（3）服务过程中，表情自然、亲切，热情适度，微笑服务。

言谈举止应达到以下标准。

（1）语言文明、简洁、清晰，符合礼仪规范；

（2）举止端庄，站、坐、行姿符合各岗位的规范与要求；

（3）以适宜的身体语言对消费者服务，遇见消费者主动问好，侧身让道；

（4）对消费者提出的问题应予耐心解释，不推诿和应付。

7. 业务能力与技能要求应达到以下标准

服务人员经过专业培训，各岗位工作人员应具备相应的技能证书，掌握相应的业务知识和技能并能熟练运用，符合茶艺师岗位技能要求《国家职业技能标准——茶艺师》。

（三）评审流程

茶馆按要求提交申请材料——评审机构组织评审专家、评审员对申报茶馆资料进行文件审核——审核通过后报备至北京茶馆办总部——由评审机构组织相关评审专家、评审员组成现场评审小组进行实地评审——现场评审结束后进行为期 7 个工作日的公示——公示期过后对茶馆评审结果无异议即公布茶馆最终星级。

（四）管理原则

凡申请评定的茶馆企业，需在正式经营一年后才能申请等级评定。企业的分店、连锁店可在单店运行一年后申请等级评定，按各店设备设施和提供服务的综合能力分别评定相应等级。

星级标识使用有效期为三年。三年期满应进行重新评定，茶馆企业应提前三个月申请复评。每年度须进行年检，对等级予以确认。不参加年检或复评的茶馆企业视为自动放弃，将由评定机构公告取消其资格并收回标识牌和证书。

茶馆等级评定为消费者提供了选择茶馆的参考依据，保障了消费者的权益；促使茶馆提高服务质量和管理水平，推动行业的健康发展；评定结果可以成为茶馆的宣传亮点，提升茶馆的知名度和美誉度；有助于茶文化的推广和普及，增强人们对茶文化的认同感和参与感。

▶ 拓展阅读

特色茶馆

任务三　茶馆设计与布置

茶馆设计与布置：海南雨林润红茶馆

茶馆不仅是品茶的场所，更是一个反映社会文化、历史背景和人文风貌的窗口。这里有文人雅士吟诗作对的闲情逸致，有商贾大亨谈笑风生的生意场景，也有普通百姓休闲放松的生活片段。茶馆通过其独特的环境布局、精心的设计和多样的服务，为每一位进入其中的客人提供了一段独特的时光旅行。每一个茶馆，无论其规模大小、装修风格如何，都承载着丰富的文化内涵和历史积淀。茶馆文化更是融合了茶道、艺术、建筑等多方面的元素，形成了一种独特的文化现象。

一、茶馆的环境布局

茶馆的环境布局与设计直接影响顾客的体验和茶馆的整体氛围。一个良好的茶馆设计不仅要注重美观，还要考虑到功能性和文化内涵。

（一）茶馆整体环境要求

1. 环境舒适

茶馆的整体环境应当舒适宜人，为顾客提供一个放松和享受的空间。这包括空气流通良好、温度适宜、灯光柔和等。座椅和桌子的高度应符合人体工学，保证顾客在品茶时感到舒适。桌椅的材质和设计应以自然、环保为主，尽量选择木质或竹制品，增添自然气息。坐垫和靠垫应柔软舒适，颜色和花纹与茶馆整体风格协调。

茶馆还应配备一些方便顾客的设施，如手机充电插座、无线网络等，提升整体舒适度。

2. 安静雅致

茶馆应避免嘈杂的环境，保持安静和雅致。背景音乐选择应以轻柔、舒缓为主，如古典音乐、轻音乐等，音量适中，营造出一种宁静的氛围。为了隔绝外界噪声，可以在茶馆周围种植绿植或安装隔音窗。墙壁和天花板的装饰也应采用吸音材料，如木板、布艺等，以减少回声。茶馆内部可以布置一些绿色植物，不仅美化环境，还能吸收噪声和净化空气，进一步提升雅致氛围。

3. 干净整洁

茶馆的每个角落都应保持干净整洁，包括茶具、桌椅、地板和卫生间。定期打扫和清洁是保证茶馆卫生的基本要求，茶具在每次使用后都应进行彻底清洗和消毒，并整齐地摆放在指定位置；桌椅和地板应每天清洁，特别是容易积尘的角落和缝隙；卫生间的卫生尤为重要，应配备洗手液、纸巾等必需品，并保持干爽无异味。通过严格的清洁和维护，确保顾客在茶馆中感受到洁净和舒适。

4. 营造文化氛围

茶馆应注重营造浓厚的文化氛围，可以通过装饰传统书画、展示茶具艺术品、摆放绿植等手段来体现茶文化的深厚底蕴。墙壁上可以悬挂茶文化的相关文字介绍和图片，增添文化气息；茶馆内还可以布置一些与茶文化相关的书籍和杂志，供顾客阅读和学习。还可以定期举办茶文化讲座、茶艺表演、茶艺培训等活动，增加茶馆的文化氛围。通过各种方式，将茶文化融入茶馆的每个细节中，使顾客在品茶的同时，感受到深厚的文化底蕴。

5. 合理布局

茶馆的布局应当合理，动线清晰，方便顾客流动和服务人员操作。座位安排应注重私密性和舒适性，可以通过隔断、屏风等方式分隔不同区域，提供独立包间或小型茶室，以满足不同顾客的需求。入口处应设置接待区，方便顾客咨询和等待。茶馆内部应划分为品茶区、休闲区、阅读区等功能区，各区之间的衔接应流畅自然。通过合理的布局设计，既保证茶馆的功能性，又提升顾客的使用体验。

图 5.10　茶馆布景

（二）茶艺馆的布置

1. 表演区

表演区应设置在茶馆的中心或显眼位置，方便顾客观赏；布置应简洁大方，背景可以是带有文化特色的书画或屏风。表演台上可摆放精致的茶具和花艺，以增加视觉美感。表演区的灯光设计应明亮但不刺眼，突出表演者和茶具的细节。座椅应环绕表演区摆放，确保每位顾客都能清楚地看到表演，还应配备音响设备，以便在表演过程中进行讲解和播放背景音乐，增强顾客的观赏体验。

图 5.11 茶馆表演

2. 展示区

茶馆的展示区可展示茶叶、茶具和茶文化相关的物品，进而提升茶艺馆的文化氛围和教育功能。展示区的布置应有条理，展品的摆放应考虑到观赏性和实用性。通过展示茶叶的制作工艺、茶具的历史文化等，增强顾客对茶文化的了解和兴趣。展示区的灯光设计应明亮柔和，突出展品的细节和质感。展柜可采用透明玻璃或直接展示，便于顾客观看和欣赏。目前，大多新中式茶馆的吧台都带有展示区的功能。

图 5.12 茶馆产品展示区

3. 顾客互动区

互动区是顾客在茶馆参与茶文化体验的重要区域。茶馆可以设置品茶体验区、DIY 茶艺区等，提供茶叶冲泡、品鉴的实际操作机会，让顾客亲身感受茶艺的魅力。互动区的设计应方便顾客操作和交流；茶具和茶叶应摆放整齐，便于顾客取用和体验；互动区还可以设置一些学习资料，如茶艺书籍、视频教程等，供顾客学习和参考。通过互动区的设计，增加顾客的参与感和体验感，提升茶艺馆的吸引力和互动性。

4. 品茗区

品茗区是茶馆的核心区域，环境设计应宁静雅致，墙面可装饰书画或屏风，地面可选木地板或地毯。座椅布置灵活多样，满足单人、双人和多人需求，确保舒适性。茶桌高度应适中，方便顾客品茶和交流；桌上应备有完整的茶具，摆放整齐。照明应柔和温暖，避免强光直射，突出茶具和茶汤的色泽。适当配备音响设备，播放轻柔背景音乐，营造舒适氛围，亦可绿植装饰如盆栽和插花增添自然气息。品茗区还应配备菜单和服务铃等设施，方便顾客随时点茶和呼叫服务员。

图 5.13　品茗区

5. 私密茶室

茶馆的私密茶室（包间）既可为顾客提供一个安静、私密的品茶空间，也可提升茶馆的服务品质。茶室内的装饰应雅致有品位，可以摆放书籍、插花等，营造出一种温馨、宁静的氛围。茶室的设计应注重隔音效果，以保证室内的安静。座椅和茶桌的摆放应合理，既保证私密性，又方便顾客交流和品茶。茶室内还可以设置调光灯具，顾客可以根据需要调整灯光的亮度，营造不同的氛围。

图 5.14　私密茶室

二、茶馆的设计

（一）外观装修

图 5.15 茶馆外观设计

茶馆的外观是吸引顾客的重要因素，应体现出茶馆的文化定位和特色。外观设计可以借鉴传统中式建筑风格，如飞檐翘角、青瓦白墙、雕花门窗等，也可以结合现代简约风格，采用玻璃和钢材等现代建筑材料。外墙的颜色应选择自然、淡雅的色调，如木色、灰色和白色，以凸显茶文化的静谧和雅致。门面设计应注重传统美学与现代元素的融合，既能吸引路人驻足，又不失文化韵味。外观装修还可以加入一些自然元素，如花草、树木等，增添生机和自然感。通过独特的外观设计，提升茶馆的辨识度和吸引力。

（二）装饰细节

茶馆的内部装饰细节应体现文化内涵和审美品位。茶艺馆的整体色调应以自然、素雅为主，如木色、青绿色等，体现出茶文化的宁静与淡雅；墙壁和天花板的装饰应简单大方，避免过于繁杂的装饰品；灯光设计应温暖柔和，营造出温馨的氛围。可以通过书法、绘画、雕刻等艺术品来装点空间。通过装饰细节的设计，提升茶艺馆的整体美感和文化氛围。

图 5.16 茶馆的装饰细节

（三）布置和陈列

茶馆内部的布置和陈列应当讲究美感和实用性。座椅、茶桌的摆放应合理，保证顾客的舒适度和私密性；选材应以自然环保为主，如木质、竹质等。茶具的陈列应整齐有序，可以在展示区设置茶具展示柜，展示各种精美茶具和茶叶。

图 5.17　茶馆的布置陈列

此外，还可以摆放一些与茶文化相关的装饰品，如古董茶壶、茶叶罐、茶盘等，以增加文化氛围。不同区域可以根据功能和主题进行布置，如品茶区、休闲区、阅读区等，满足顾客的多样需求。布置和陈列应注重细节，如桌椅的材质和颜色、茶具的选择和摆放等，营造出一种和谐美观的氛围。

（四）品茗环境

品茗环境是茶馆设计的核心，要求安静、舒适、雅致。可以通过设置隔断、屏风等方式，分隔出独立的小型茶室或包间，提供私密的品茶空间；茶馆内应有充足的自然光线，同时通过柔和的灯光设计，营造温馨的氛围；茶桌上应摆放精致的茶具、花艺和香道用品，以提升品茗体验；地面可以铺设木地板或草席，增添自然的感觉。

图 5.18　品茗环境

为了增强文化氛围，茶馆内还可以设置书架，摆放一些茶文化相关的书籍供顾客阅读。通过精心设计的品茗环境，提升顾客的品茶体验。

（五）茶席布置

茶席是茶馆的重要组成部分，其布置应当精致、雅致，主题鲜明。茶席上应茶具齐全，特色鲜明，可适当搭配花道、香道等配件。茶席布置要讲究对称美和和谐感，同时注重细节，如茶具的摆放顺序、茶巾的折叠方式等。茶席的颜色和材质应与茶馆的整体风格协调。花艺和香道的选择应以清雅为主，花材和香品应随季节变化更新，增加茶席的生机和韵味。精心布置的茶席，可提升茶艺馆的整体美感和文化氛围。

图 5.19 茶席布置

（六）视觉产品设计

视觉产品设计是茶馆整体形象的重要组成部分，可以从以下几方面来突出茶文化的韵味和独特魅力，吸引顾客并提升品牌认知度：

1. LOGO 设计

茶馆的 LOGO 应简洁明了，具有鲜明的识别性和文化内涵。可以结合茶叶、茶具、茶艺等元素，体现品牌特色和定位。

2. 色彩搭配

视觉产品整体色调应以自然、素雅为主，如木色、绿色、白色等，传递宁静、优雅的茶文化氛围。色彩搭配要和谐统一，增强视觉美感。

3. 包装设计

茶叶、茶具等产品的包装应精美细致，融合传统与现代元素。包装材料应环保，设计应体现茶文化的精髓，增强产品的附加值和吸引力。

图 5.20　茶艺馆产品

4. 宣传品设计

包括名片、宣传册、菜单等的设计，应统一风格，简洁大方，信息清晰。视觉元素应突出茶馆的文化主题，增强顾客的品牌记忆。通过精心设计的视觉产品，茶馆不仅能吸引顾客眼球，还能提升品牌形象和文化认同，增强顾客的消费体验和忠诚度。

图 5.21　茶体验馆的产品展示

本章小结

茶馆不仅是人们品茗休憩的地方，更是社交娱乐、文化交流、情感沟通的纽带。中国茶馆历史悠久，人们可从茶馆发展中感知社会的变迁。如今，根据不同的分类以及等级划分评定标准，茶馆被归类为不同的类型，划分为不同等级，丰富了消费者的选择。茶馆经营者应对茶馆进行精心地设计与布局，力求为每一位客人带来独特的消费体验。

实训任务

实践题目：参观茶馆

实践目的：通过参观，实地感受一家茶馆的环境布局与设计，理解茶馆的功能与文化特点，掌握茶馆等级划分的标准。

实践方法：以小组为单位进行分工合作，实地参观一家茶馆，辅以查阅相关书籍和资料，明确该茶馆具备的功能，划分它的类型，模拟评定它的等级，思考它的环境布置与设计，形成报告。

思考与练习

一、多项选择题

1.茶馆的功能有（　　）。

A.社交功能　　B.信息交流功能

C.文化传播功能　　D.休闲娱乐功能

2.茶馆的文化特点是（　　）。

A.茶文化的体现　　B.社会交往的核心

C.地域文化的融合之所　　D.民俗娱乐的窗口

3.茶馆的功能分区有（　　）。

A.表演区　　B.展示区　　C.互动区　　D.包间　　E.品茗区

二、判断题

1.目前，星级茶馆的划分为5个等级，以五角星为茶馆企业的等级标识。（　　）

2.地处闹市的茶馆在设计注重美观、考虑到功能性和文化内涵就可以了，不需要营造安静的氛围。（　　）

三、思考题

1.简述中国茶馆各时期的发展的特点。

2.简述星级茶馆的评审流程。

参考答案

项目六

谁解助茶香
——品茶赏器鉴水

思维导图

项目六 谁解助茶香——品茶赏器鉴水

- 任务一 ISO 茶叶分类标准
- 任务二 茶叶冲泡通则与方法
- 任务三 茶器发展与演变
- 任务四 泡茶择水

学习目标

知识目标

· 理解茶叶分类 ISO 国际标准
· 掌握泡茶要素及流程
· 了解茶器的起源与分类
· 掌握茶器的选配与使用
· 熟悉泡茶用水的选择及中国名泉

能力目标

· 通过干茶外形、香气、汤色、滋味和叶底，能识别具体茶类，辨别茶叶的关键工艺，说明茶叶特征
· 根据茶叶特点，选择合适茶器，并能规范完成不同场合的冲泡

素养目标

· 我国茶叶六大茶类分类体系已成为国际共识，中国在国际上有一定的影响力和话语权，树立民族自信

任务一　ISO 茶叶分类标准

一、茶叶分类 ISO 国际标准的发布

2023 年 4 月，由安徽农业大学茶树生物学与资源利用国家重点实验室主任宛晓春教授牵头制定的国际标准 ISO 20715：2023《茶叶分类》正式颁布，标志着我国六大茶类分类体系正式成为国际共识。这是我国在茶叶标准国际化领域取得的具有里程碑意义的成果。

安徽农业大学陈椽教授是我国茶学高等教育创始人之一。早在 1979 年，他在《茶叶分类的理论与实际》文章中正式提出六大茶类的茶叶分类方法，将茶叶分成绿茶、黄茶、黑茶、青茶（俗称乌龙茶）、白茶和红茶。这个分类方法奠定了现代茶叶科学分类的基础，并被广泛认可和应用，但未以标准的形式进行规范。

2008 年，自我国成立全国茶叶标准化技术委员会以来，宛晓春教授作为中国茶叶专家代表团主要负责人，与专家团一道，积极抢占国际茶叶标准的制定权，在我国 GB/T 30766—2014《茶叶分类》、GB/T 35825—2018《茶叶化学分类方法》的基础上，联合来自印度、英国、德国、日本等国的 31 位茶叶技术专家，按照 ISO 标准制修订规则协商制定，经国际标准化组织审定后正式出版发布，标志着中国六大茶类的分类体系上升为 ISO 国际标准。

二、茶叶分类ISO国际标准的内容

（一）传统茶叶分类标准

在几千年的茶叶利用和饮用的历史过程中，茶叶的加工工艺茶叶的分类不断地改良和完善。我国有着丰富的茶叶种类，品种花色之多，为世界之最。基于茶叶的不同特点，分类的方式有：按季节分类，可以分为春茶、夏茶、秋茶和冬茶；按照生长环境分类，可以分为高山茶、平地茶和有机茶；按照加工方法分类，可以分为基本茶类和再加工茶类，这种方法也是截至目前被大多数茶叶研究者认可的分类方法。

1. 基本茶类

由于茶叶的加工工艺不同，造成了茶叶中的内含物发生了不同的变化，具体一点就是以茶叶内含的多酚类物质的氧化程度来分，即以茶叶有没有氧化以及氧化的程度分为六大基本类型，即红茶、绿茶、黄茶、白茶、青茶（乌龙茶）、黑茶。

（1）红茶

图6.1 汤色红亮的红茶

红茶因其干茶冲泡后的茶汤和叶底色呈红色而得名。在制茶过程中，以日晒代替杀青，揉后叶色变红。最早出现的红茶是清代创始于福建崇安（今武夷山）的小种红茶。在国际市场上，红茶贸易量占世界茶叶总贸易量的90%以上。红茶属全发酵茶类，最关键的工艺流程是发酵。红茶可以分为小种红茶、工夫红茶和红碎茶。主要代表茶有正山小种、金骏眉、祁门红茶等。

品质特征：红茶颜色——高档红茶颜色乌黑油润，条索细，紧卷完整。汤色红浓，滋味浓而爽口。红茶原料——红茶的原料依据成品茶叶不同的品质要求，采摘标准也不同，红茶采摘的标准为一芽二三叶，也有采单芽和一芽一叶的。红茶香气——毫香型、清香型、嫩香型、火香型、花香型。红茶特性——红茶性温，祛寒，暖胃。

（2）绿茶

图6.2 绿茶鸠坑毛尖

绿茶是我国主要茶类之一。绿茶生产几乎遍及全国所有产茶省，其中浙江、安徽、江西和湖南四省为主要产区，浙江绿茶产量居全国首位，安徽和江西绿茶的品质好。绿茶属于不发酵茶，最关键的工艺流程是杀青。按照初制加工过程的杀青和干燥方式不同，绿茶可分为蒸青绿茶、炒青绿茶、烘青绿茶和晒青绿茶。主要代表茶有西湖龙井、碧螺春、黄山毛峰等。

品质特征：绿茶颜色——干茶以绿色为主，但因产茶区环境、地理位置不同，茶叶的颜色会有变化，如翠绿色、黄绿色、碧绿色、墨绿色等。绿茶原料——绿茶要求每年清明节前后开始采摘，时间在 40 天左右结束，一般 5 月底之前采的茶统称为“春茶”。在谷雨前采制的茶称“雨前茶”。采茶时，太老的叶子不能要，太小的叶子也不能采，一般一芽一叶是比较顶级的茶，一芽两叶是普遍采摘标准。绿茶香气——毫香型、嫩香型、花香型、清香型。绿茶特性——绿茶属于完全不发酵茶，茶叶当中的茶多酚含量多，富有丰富的维生素、咖啡碱，属于较寒凉的茶。

（3）黄茶

黄茶属于较为小众的一类，是中国历史上继绿茶之后出现的第二大茶类。黄茶最早出现在明代，在炒制绿茶过程中由于技术失误，或杀青时间过长，或者没有及时摊晾，或者揉捻后未及时烘干、炒干，堆积过久，使叶子变黄，产生黄汤、黄叶，这样出现的新的茶品——黄茶。黄茶属于轻发酵茶类，最关键的工艺流程是闷黄。可以分为黄芽茶、黄小茶和黄大茶。主要代表茶有君山银针、蒙顶黄芽、广东大叶青等。

图 6.3 黄茶

品质特征：黄茶颜色——黄茶的干茶银毫披露，金黄光亮，汤色橙黄。黄茶原料——根据黄茶的种类不同，采摘一芽一叶，或一芽多叶。黄茶香气——嫩香型、清香型、花香型、甜香型。黄茶特性——黄茶在加工过程中，茶多酚氧化形成少量的茶黄素，黄茶性平微凉，所以适合胃热者饮用，夏季天气酷热，也可以饮用。

（4）白茶

白茶产于福建省的福鼎、政和、松溪和建阳等县，台湾省也有少量生产。白茶生产已有 200 年左右的历史，是六大茶类中工艺流程最少的茶类，也是保留茶叶营养成分最多的、最寒凉的一类茶。白茶属于微发酵茶类，最关键的工艺流程是萎凋。可以分为芽茶和叶茶两类。主要代表茶有白毫银针、白牡丹、寿眉等。

图 6.4 白茶

品质特征：白茶颜色——外形芽毫完整，满身披毫，毫香清鲜，汤色黄亮。白茶原料——采摘标准是一芽一叶或一芽二叶，两叶抱一芽，叶态自然，芽叶连枝。秋茶采自 7 月后，春茶为最佳，叶质柔软，芽心肥壮，茸毛洁白，茶身沉重。白茶香气——毫香型、清香型、花香型、甜香型。

白茶不揉不捻，不破坏内含物质，是最接近原生状态的茶叶。老白茶内的咖啡碱、茶多酚、氨基酸、茶多糖等物质悄然转化，有醇厚、甘甜、软糯的口感。

（5）青茶

图 6.5 闽北乌龙茶水仙

青茶又称乌龙茶，因成茶色泽青褐而得名。青茶是介于绿茶和红茶之间的一类茶叶。按产区可分为闽北、闽南、广东和台湾。属部分发酵茶，最关键的工艺流程是做青。按产区可以分为闽北乌龙、闽南乌龙、广东乌龙和台湾乌龙。主要代表茶有大红袍、铁观音、东方美人等。

品质特征：青茶颜色——由于焙火程度的不同，茶叶颜色也不同。乌龙茶干茶、茶汤呈现出多样的色彩，大致可分为干茶呈绿色、砂绿或墨绿色等，茶汤为淡黄色、黄色。干茶呈金色，茶汤金黄色；干茶呈褐色或红褐色，有的乌润，茶汤为橙红色。青茶原料——乌龙茶鲜叶的采摘要求有一定的成熟度，通常是在新梢顶芽开展形成对夹叶（俗称开面叶）后才采摘。青茶香气——清香型、浓香型、韵香型、老火粗味型、老火香型；青茶特性——因做青工艺，青茶叶片中间呈绿色，叶缘呈红色，素有“绿叶红镶边”之美称。滋味醇厚回甘，既没有绿茶的苦涩，又没有红茶的浓烈，却兼取绿茶的清香，红茶的甘醇。

（6）黑茶

图 6.6 普洱熟茶

黑茶又称为边销茶，起源于茶马交易，早期的茶马交易路途崎岖，货物运送时间长，当时由于缺乏遮阳避雨的工具，雨天茶叶常被淋湿，天晴时茶又被晒干，这种干湿互变过程使茶叶在微生物的作用下发酵，产生了品质完全不同于起运时的茶品，于是产生了黑茶。黑茶属于后发酵茶，最关键的工艺流程是渥堆。按产区和工艺可以分为湖南黑茶、湖北青砖、云南黑茶、广西黑茶和四川边茶。主要代表茶有安化黑茶、六堡茶、普洱熟茶等。

品质特征：黑茶颜色——茶叶颜色呈黑色，外形叶张肥大，条索卷折，色泽油黑；汤色橙黄或红浓，香味醇厚；叶底乌褐。黑茶原料——黑茶以青梗新梢为主，一般要长到一芽四五叶或对夹叶时才开采，鲜叶原料较粗老。黑茶香气——兰香型、荷香型、药香型。黑茶特性——黑茶压制的砖茶、饼茶、沱茶等紧压茶是少数民族不可缺少的饮品。该茶类具有补充膳食营养、助消化解油腻等作用。

2. 再加工茶类

以六大基本茶类做原料进行再加工以后的产品统称再加工茶类。主要包括花茶、紧压茶、萃取茶、果味茶和保健茶等。

（1）花茶

用茶叶和香花进行拼和窨制，使茶叶吸收花香而制成的香茶，称花茶。明代顾元庆在《茶谱》中有橙皮窨茶和莲花窨茶的记载。橙皮茶就是将橙皮切丝，将茶叶与其拌和后烘干。莲花茶是在太阳未出时，将茶叶放入莲花内，用麻绳略扎，一天一夜后将茶倒出烘干。但这都不是现代意义上的花茶，现代意义上的花茶创制于清朝顺治康熙年间。据载当时有一个徽州人，自娱自乐用兰花和茶叶放在一起窨制，取名兰花方片。经他的启发，后人竞相效仿，发展成了当今的一大茶类。现在花茶的种类很多，有茉莉花茶、白兰花茶、玫瑰花茶、玳玳花茶、珠兰花茶、柚子花茶、桂花茶、栀子花茶、米兰花茶、树兰花茶等，其中茉莉花茶产量最大、最为有名。

（2）紧压茶

各种散茶经加工蒸压成一定形状而制成的茶叶称紧压茶。紧压茶分为绿茶紧压茶、红茶紧压茶、乌龙紧压茶、黑茶紧压茶。三国张揖《广雅》中有“荆巴间采茶作饼”，是我国饼茶最早的记载。紧压茶主产于湘、鄂、川三省，黔、滇、桂也有少量生产。主销新疆、内蒙古、甘肃等地，是少数民族不可缺少的饮料。有绿茶紧压茶、红茶紧压茶、白茶紧压茶、青茶紧压茶和黑茶紧压茶等。

（3）萃取茶

以成品茶或半成品茶为原料，用热水萃取茶叶中的可溶物，过滤弃去茶渣，获得的茶汁，经浓缩或不浓缩，干燥或不干燥，制备成固态或液态茶，统称萃取茶。主要有罐装饮料茶、浓缩茶及速溶茶等。

（4）果味茶

茶叶半成品或成品加入果汁后制成各种果味茶，这类茶叶既有茶味，又有果香味，风味独特，颇受市场欢迎。我国生产的果味茶主要有荔枝红茶、柠檬红茶、猕猴桃茶、橘汁茶、椰汁茶、山楂茶等。

（5）保健茶

能调节人体机能，适用于特殊人群，但不以治疗疾病为目的的食品称为保健功能食品。保健功能食品分为调节免疫功能、延缓衰老、改善记忆、促进生长发育、抗疲劳、减肥等，但不以药品名称或类似药品名称命名。保健茶是保健功能食品的重要组成部分。菊花、苦丁、玫瑰花等植物都不是茶，但人们习惯把能够饮用的这些植物也称为茶，也就是“非茶之茶”。有些植物的根、茎、叶、花、果经过加工后可单独泡饮，也可调配一些茶叶，饮用能调节人体机能，起到预防和保健作用。保健茶是我国医学宝库中最丰实也最简单实用的一部分。保健茶气味较淡，药性轻灵，服用简单、方便，或浓或淡也没有严格限制，而且没有副作用。

（二）ISO 国际标准分类

该项国际标准根据茶叶加工工艺和品质特征，将茶叶分为红茶（传统红茶、红碎茶、工夫红茶、小种红茶）、绿茶（炒青、烘青、晒青、蒸青、碎绿茶、抹茶）、黄茶（芽型、芽叶型）、白茶（芽型、芽叶型）、青茶（乌龙茶）、黑茶（普洱熟茶、其他黑茶）六大类。同时规定了茶叶关键加工工序的名词术语，如做形、闷黄、渥堆等极具中国特色的关键工序名词。

ISO 国际标准分类较传统茶叶分类标准变化不大，但是国际标准考虑的是世界各产茶国家的所有茶叶情况，分类也相对更复杂些。比如，红茶在传统分类方法，即红碎茶、工夫茶和小种红茶的基础上增加了传统红茶的分类，国内的日月潭红茶已有百年历史，可算作传统红茶类；而印度大吉岭红茶，在没有切割的情况下，也可以算作传统红茶类。

三、茶叶分类 ISO 国际标准的意义

标准是一种重要的技术规范，掌握了国际标准制定的主导权，可以加强技术方面的支配力，进而占据竞争优势。我国是茶叶的发源地，茶叶的种植、生产、加工、消费始终占全球首位，各类茶产品特别是绿茶产品的出口贸易占据主导地位。该项国际标准是在国家标准化管理委员会、全国茶叶标准化技术委员会的指导下，在安徽省市场监督管理局和安徽省科技厅的支持下，由安徽农业大学牵头，联合中华全国供销合作总社杭州茶叶研究院等单位共同完成。

该项国际标准的发布，有力提升了我国茶叶标准化工作在国际上的影响力和话语权，对于规范和促进国际茶叶贸易公平与消费者权益，提升国际茶叶消费者对茶叶特别是中国茶的认知与认可，促进我国茶叶出口特别是极具中国特色的白茶、黄茶和黑茶的出口具有重要意义。

▶ 拓展阅读

国际化标准组织

任务二　茶叶冲泡通则与方法

一、泡茶要素

茶叶中的化学成分是组成茶叶色、香、味的物质基础，其中多数能在冲泡过程中溶解于水，从而形成了茶汤的色泽、香气和滋味。泡茶时，应根据不同茶类的特点，调整水的温度、浸润时间和茶叶的用量，从而使茶的香味、色泽、滋味得以充分地发挥。从理论及实践综合来看，泡好一壶茶主要有六大要素：第一是茶具选配；第二是茶叶用量；第三是泡茶水温；第四是冲泡时间；第五是冲泡次数；第六是泡茶心境。

（一）茶具选配

随着我国茶具品种的丰富，冲泡技艺的不断创新，茶具搭配的方式越来越多，选配范围也越来越大。我们在选配茶具时，一般从以下几个方面来考虑：一是根据茶叶品种来选配，比如绿茶通常情况下用玻璃杯冲泡；二是根据饮茶风俗来选配，比如福建人一般喜欢用紫砂壶来冲泡；三是根据饮茶场合来选配，比如商务场合可用瓷杯来冲泡；四是根据个人爱好来选配，不分年龄与职业，因人而异。

图 6.7　茶具选配

（二）茶叶用量

茶叶用量就是每杯或每壶中放适当分量的茶叶。泡好一杯茶或一壶茶，首先要掌握茶叶用量。每次茶叶用多少，并没有统一标准，主要根据茶叶种类、茶具大小以及消费者的饮用习惯而定。一般而言，水多茶少，滋味淡薄；茶多水少，茶汤苦涩不爽。因此，细嫩的茶叶用量要多；较粗的茶叶，用量可少些。

普通的红茶、绿茶、白茶、黄茶、花茶类，可大致掌握在 1 克茶冲泡 50 ~ 60 毫升水。如果是 200 毫升容量的杯或壶，那么，放上 3 克左右的茶，冲水至七八成满，就成了一杯浓淡适宜的茶汤。若饮用云南普洱茶，则需放茶叶 5 ~ 8 克。乌龙茶习惯浓饮，注重品味和闻香，故要汤少味浓，用茶量以茶叶与茶壶比例来确定，投茶量大致是茶壶容积的 1/3 ~ 1/2。广东潮汕地区饮乌龙茶的人，投茶量达到茶壶容积的 1/2 ~ 2/3。

茶、水的用量还与饮茶者的年龄、性别有关。大致来说，中老年人比年轻人饮茶要浓，男性比女性饮茶要浓。如果饮茶者是老茶客或是体力劳动者，一般可以适量加大茶量；如果饮茶者是新茶客或是脑力劳动者，可以适量少放一些茶叶。一般来说，茶不可泡得太浓，因为浓茶有损胃气，对脾胃虚寒者更甚，茶叶中含有鞣酸，太浓太多，可收缩消化黏膜，妨碍胃吸收，引起便秘和牙黄；同时，太浓的茶汤和太淡的茶汤不易体会出茶香嫩的味道。古人谓饮茶“宁淡勿浓”是有一定道理的。

图 6.8　茶叶用量

图 6.9　置茶

（三）冲泡水温

古人十分讲究泡茶的水温，认为煮水老嫩都会影响到开水的质量，故应严格掌握煮水程度。明张源《茶录》中介绍的：“汤有三大辨十五小辨。一曰形辨，二曰声辨，三曰气辨。形为内辨，声为外辨，气为捷辨。如虾眼、蟹眼、鱼眼连珠，皆为萌汤，直至涌沸如腾波鼓浪，水汽全消，方是纯熟。如初声、转声、振声、骤声，皆为萌汤，直至无声，方是纯熟。如气浮一缕、二缕、三四缕，及缕乱不分，氤氲乱绕，皆为萌汤，直至气直冲贯，方是纯熟。”从以上经验可知，水要急火猛烧，待水煮到纯熟即可，切勿文火慢煮，久沸再用。据测定，用60℃的开水冲泡茶叶，与等量100℃的水冲泡茶叶相比，在时间和用茶量相同的情况下，茶汤中的茶汁浸出物含量，前者只有后者的45%～65%。这就是说，冲泡茶的水温高，茶汁就容易浸出，茶汤的滋味也就愈浓；冲泡茶的水温低，茶汁浸出速度慢，茶汤的滋味也相对愈淡。“冷水泡茶慢慢浓”，说的就是这个意思。

泡茶水温的高低，与茶的老嫩、松紧、大小有关。大致说来，茶叶原料粗老、紧实、整叶的，要比茶叶原料细嫩、松散、碎叶的，茶汁浸出要慢得多，所以冲泡水温要高。当然，水温的高低，还与冲泡的茶叶品种有关。

具体来说，高级细嫩名茶，特别是名优高档的绿茶，冲泡时水温为80℃左右。只有这样泡出来的茶汤清澈不浑，香气醇正而不钝，滋味鲜爽而不熟，叶底明亮而不暗，使人饮之可口，视之动情。如果水温过高，汤色就会变黄；茶芽因“泡熟”而不能直立，失去欣赏性；维生素遭到大量破坏，降低营养价值；咖啡碱、茶多酚很快浸出，又使茶汤产生苦涩味，这就是茶人常说的把茶“烫熟”了。反之，如果水温过低，则渗透性较低，往往使茶叶浮在表面，茶中的有效成分难以浸出，导致茶味淡薄，功效降低。大宗红茶、绿茶和花茶，由于茶叶原料老嫩适中，故可用90℃左右的开水冲泡。冲泡乌龙茶、普洱茶等特种茶，由于原料并不细嫩，加之用茶量较大，所以须用刚沸腾的100℃开水冲泡。特别是乌龙茶为了保持和提高水温，要在冲泡前用滚开水淋壶加温，目的是增加温度，使茶香充分发挥出来。至于边疆地区民族喝的紧压茶，要先将茶捣碎成小块，再放入壶或锅内煎煮后，才供人们饮用。判断水的温度可先用温度计和计时器测量，等掌握之后就可凭经验来断定了。当然，所有的泡茶用水都得煮开，以自然降温的方式来达到控温的效果。

图 6.10　冲泡水温

（四）冲泡时间

茶叶的冲泡时间与茶叶种类、泡茶水温、用茶数量和饮茶习惯等都有关。如用茶杯泡饮普通红茶、绿茶，每杯放干茶3克左右，用水150～200毫升，冲泡时宜加杯盖，避免茶香散失，时间以2～3分钟为宜。时间太短，茶汤色浅淡；茶泡久了，增加茶汤涩味，香味还易丧失。不过，新采制的绿茶可冲水不加杯盖，这样汤色更艳。总之，用茶量多的，冲泡时间宜短，反之则宜长。质量好的茶，冲泡时间宜短，反之宜长些。

茶的滋味是随着时间延长而逐渐增浓的。据测定，用沸水泡茶，首先浸泡出来的是咖啡碱、维生素、氨基酸等；大约到3分钟时，浸出物浓度最佳，这时饮起来，茶汤有鲜爽醇和之感，但缺少饮茶者需要的刺激味。以后，随着时间的延续，茶多酚浸出物含量逐渐增加。因此，为了获取一杯鲜爽甘醇的茶汤，可用如下改良冲泡法（主要指绿茶）：将茶叶放入杯中后，先倒入少量开水，以浸没茶叶为度，加盖3分钟左右，再加开水到七八成满，便可趁热饮用。当喝到杯中尚余三分之一左右茶汤时，再加开水，这样可使前后茶汤浓度比较均匀。

对于注重香气的乌龙茶、花茶泡茶时，为了不使茶香散失，不但需要加盖，而且冲泡时间不宜长，通常2～3分钟即可。由于泡乌龙茶时用茶量较大，因此第一泡1分钟就可将茶汤倾入杯中，自第二泡开始，每次应比前一泡增加15秒左右，这样泡出的茶汤比较均匀。白茶冲泡时，要求沸水的温度在70℃左右，一般在4～5分钟后，浮在水面的茶叶才开始徐徐下沉，这时，品茶者应以欣赏为主，观茶形，察沉浮，从不同的茶姿、颜色中使自己的身心得到愉悦，一般到10分钟，方可品饮茶汤；否则，不但失去了品茶艺术的享受而且饮起来淡而无味。这是因为白茶加工未经揉捻，细胞未曾破碎，所以茶汁很难浸出，以致浸泡时间须相对延长，同时只能重泡一次。

另外，冲泡时间还与茶叶老嫩和茶的形态有关。一般说来，凡原料较细嫩，茶叶松散的，冲泡时间可相对缩短；相反，原料较粗老，茶叶紧实的，冲泡时间可相对延长。

（五）冲泡次数

据测定，茶叶中各种有效成分的浸出率是不一样的，最容易浸出的是氨基酸和维生素C；其次是咖啡碱、茶多酚、可溶性糖等。一般茶冲泡第一次时，茶中的可溶性物质能浸出50%～55%；冲泡第二次时，能浸出30%左右；冲泡第三次时，能浸出约10%；冲泡第四次时，只能浸出2%～3%，几乎是白开水了。所以，通常以冲泡3次为宜。

如饮用颗粒细小、揉捻充分的红碎茶和绿碎茶，由于这类茶的成分很容易被沸水浸出，一般都是冲泡一次就将茶渣滤去，不再重泡；速溶茶，也是采用一次冲泡法；工夫红茶则可冲泡2～3次；而条形绿茶如眉茶、花茶通常只能冲泡2～3次；白茶和黄茶，一般也只能冲泡1次，最多2次。品饮乌龙茶多用小型紫砂壶，在用茶量较多时（约半壶）的情况下，可连续冲泡4～6次，甚至更多。

（六）泡茶心境

绝大多数茶友可能都有这样的经验：同样的茶具，同样的茶量，同样的水温，同样的时间，同样的冲泡次数，冲泡出的茶叶味道却各不相同。除了冲水力度等技法外，还有就是心境的不同。因而，保持良好的心态才能泡出好茶，心态不好自然泡不出好茶。

著名茶艺专家赵英立老师建议：第一，要谦逊、平和。谦逊、平和永远是泡茶、品茶的首要心态。心浮气躁、骄横无礼的人绝对泡不好茶、品不好茶。所以学茶艺时，要随时保持谦逊、平和的心境，只有这样，微笑才是真诚的，动作才是轻盈优美的。第二，不要患得患失。有人在泡茶时没有自信，总担心自己的茶是不是泡坏了，其实越这样，越难泡好茶。当你坐在泡茶的位置上时，就要坚信自己是最好的茶艺师，要把全部的精神贯注到泡茶的过程中，忘掉其他的一切，不要在乎结果，这是泡好茶的前提。第三，不要有尊卑观念。茶面前人人平等，这是茶人要恪守的一个原则。在茶室里只有主客，没有尊卑；只有礼仪，没有地位差异。泡茶人无论对面的是什么人，你都是主人。所以分茶时只能按一个方向依次序倒茶。这种心态是泡好茶的必备条件。第四，不要存功利色彩。茶艺、品茗是高雅的事，其根本是要净化心灵，感悟人生真谛，切忌将世俗的功利色彩带入泡茶的心境。如泡茶时想着做生意、拉关系，肯定是泡不好茶的。泡茶时要努力做到无人无我，无茶无我，进而参悟茶道，乃至追求天人合一的境界。第五，冲泡后要入尘不染。“尘”指尘世，现实社会；“染”指被污染。品茶泡茶过后，我们从品茶泡茶的境界终究要回到现实生活中来，尽量将品茶泡茶过程中得到净化的心灵能较长时间地保持纯洁。

台湾著名茶人池宗宪给了我们一段精彩的总结：在日常泡茶中，在冲泡的过程中，并非单纯的动作展示，而是在冲泡过程中，每一个环节程序都代表茶人对茶性的了解，以及对所用茶器的灵活掌控，这也体现茶人对自我内心的要求，以及在操作中人的意识体现。从注水、出汤到分茶，轻、重、缓、急，拿捏稍有不慎，就会坏了茶汤的好滋味。因此，每次茶人泡茶，无语、专注正是泡茶的原点，在持续泡茶过程中，每次动作的轻、重、缓、急，都会产生不同，以及不可思议的茶汤滋味，而产生每一泡茶汤兼容并蓄的存在，正是每一次茶人内心的生生流转，从而使每一口茶汤滋味，可以品尝到原本看不到的丰润。

图 6.11　泡茶心境

二、泡茶的基本流程

泡茶的流程是茶艺形式的具体表现之一，也称为“行茶法”，一般分为三个阶段：第一阶段是准备；第二阶段是操作；第三阶段是收具。茶的冲泡方法有简有繁，要根据具体情况，结合茶性而定。各地由于饮茶嗜好、地方风俗习惯的不同，冲泡方法和程序也会有一些差异。但不论泡茶技艺如何变化，要冲泡任何一种茶，除了备茶、选水、择具之外，都应共同遵守以下泡茶程序。

（一）温具

用热水冲淋茶壶，包括壶嘴、壶盖，同时烫淋茶杯。随后将茶壶、茶杯沥干。其目的有两个：一是为了再次清洁茶具；二是为了提高茶具温度，使茶香迅速散发，冲泡后温度相对稳定，不使温度过快下降，这对较粗老茶叶的冲泡尤为重要。

（二）置茶

按茶壶或茶杯的大小用茶，置一定数量的茶叶于壶（杯）中，除了参考一般通则外，具体要因人而异、因茶而异。如果用盖碗泡茶，泡好后可直接饮用，也可将茶汤倒入公道杯，再分到品茗杯中进行饮用。

图 6.12 温具

图 6.13 置茶

（三）冲泡

置茶入壶（杯）后，按照茶与水的比例，将开水冲入壶中。冲水时，除乌龙茶冲水须溢出壶口、壶嘴外，通常以冲水八分满为宜。如果使用玻璃杯或白瓷杯冲泡细嫩名茶，冲水也以七八分满为度。冲水时，在民间常用“凤凰三点头”之法，即将水壶下倾上提三次，其意一是表示主人向宾客点头，欢迎致意；二是可使茶叶和茶水上下翻动，使茶汤浓度一致。

图 6.14　冲泡

图 6.15　出汤

（四）奉茶

奉茶时，主人要面带微笑，最好用茶盘托着送给客人。如果直接用茶杯奉茶，需要配以茶垫，放置客人处，使用伸掌礼以示敬意。从客人侧面奉茶，若左侧奉茶，则用左手端杯，右手做请茶姿势；若右侧奉茶，则用右手端杯，左手做请茶姿势。这时，客人可用叩指礼轻轻敲打桌面或微微点头，以表谢意。

图 6.16　奉茶

图 6.17　请茶

（五）赏味

如果饮的是高级名茶，那么，茶叶一经冲泡后，不可急于饮茶，应先观色察形，接着端杯闻香，再啜汤赏味。赏味时，应让茶汤在舌头上翻滚，从舌尖沿舌两侧流到舌根，再回到舌头，让舌头的各个味蕾感受茶的味道。如此反复二三次，以留下茶汤清香甘甜的回味。

（六）续水

一般当已饮去2/3(杯)的茶汤时，就应续水入壶(杯)。如果茶水全部饮尽时再续水，那么，续水后的茶汤就会淡而无味。续水通常二三次就足够了。如果还想继续饮茶，那么应该重新冲泡。

三、不同场合的泡茶技艺

“柴米油盐酱醋茶，琴棋书画诗曲茶”，千百年来，茶一直是中国人生活中的必需品。无论有没有客人，爱茶之人都习惯冲泡一壶好茶，慢慢品饮。在家庭、待客、办公室等不同场合的泡茶技艺也有所差异。

（一）家庭中的泡茶技艺

家庭中泡茶的技艺很简单，每个人都可以在闲暇时间坐下来，为自己或家人冲泡一壶茶，解渴怡情的同时，也能增加生活趣味。一般来说，家庭中的泡茶技艺流程如下。

1. 温杯洁具

清洁茶具的同时温壶。用沸水烫洗各种茶具，以保证茶具被彻底清洗。因为茶具的温度直接影响着茶汤的成色和质量好坏。

2. 适量置茶

置茶时，需要注意茶叶的用量和冲泡器具。茶叶量需要统计人数，并且按照家人的口味喜好决定茶叶的用量。一般来说，生活泡茶往往会选用茶壶和茶杯两种茶具。选茶后，先从茶叶罐中取出适量的茶叶置于茶荷中，再投入泡茶器中。

3. 高冲注水

冲水之前要注意水温，不同类的茶需要水的温度不同。例如，冲泡绿茶一般需要自然降温至 80℃左右。

4. 倒茶分茶

先将壶口表面茶汤的茶沫刮去，再将茶汤倒入公道杯中，使茶汤均匀；将公道杯中的茶汤，以低斟的手法倒入茶杯中，一般以七分满为最佳。

5. 敬茶续水

分别将茶杯奉给家人品尝，也可由每个人自由端起茶杯品茶。根据茶汤量及时续水。

6. 清理茶具

清理茶具包括两个部分，即清理茶渣和清理茶具。

（二）待客中的泡茶技艺

“客来敬茶”一直是我国从古至今留存下来的待客习惯。无论是在家庭待客，还是在办公室待客，我们都要掌握待客泡茶的技艺与礼仪。待客中的泡茶技艺与家庭中的泡茶技艺相似，但需特别注意手法和礼仪。

1. 准备茶具

待客茶具不提倡精致昂贵，但要干净整齐，最好是成套的茶具。如来访客人人数不多，停留时间不是很长，可以选用茶杯。商务场合可以用白瓷商务茶杯，保证一人一杯即可。如超过 5 人，则选择泡茶器。泡茶器一般可以选壶、飘逸杯和盖碗。

2. 选取茶叶

如茶叶种类丰富，泡茶前可以询问客人的口味及喜好，为不同的客人选择不同的茶叶。茶叶量投放多少也要根据客人的喜好及人数来决定，客人喜欢喝浓茶，就多放一些茶叶；客人喜欢喝淡茶，就减少茶叶量。如果客人的人数较多，要在泡茶器里放入与容器容量相当的茶叶，并注意不要因为客人较多就盲目增加茶叶投入的数量。如果是商务场合，也可以选用袋泡茶，但要注意及时将袋泡茶拿出。

3. 泡茶奉茶

待客泡茶，不要求手法多完美，但一定要注意泡茶中的几个问题：放茶壶的时候不能将壶嘴对着客人，否则是失礼的，寓意请客人赶快离开；茶杯要放在茶垫上面，一是尊重传统中的泡茶礼仪，二是保持桌面的洁净；进行回旋注水、斟茶、温杯、烫壶等动作时要用到单手回旋时，必须按逆时针方向，寓意“来、来、来”表示欢迎，反之则变成暗示“去、去、去”了；斟茶时只可斟“七分满”，寓意“七分茶三分情”之意；奉茶时，要用托盘将茶端上来，不要用手直接碰触，这样既表示对客人的尊敬之意，也表示待客的隆重。使用商务茶杯待客时，要注意上撤茶杯时动作幅度和位置，以方便客人、不打扰对方为前提。

图 6.18　待客中的泡茶技艺

图 6.19　待客中的泡茶方法

（三）办公室中的泡茶技艺

生活在职场中的人们，常常会感觉到身心疲惫，尤其是午后，更是昏昏欲睡，缺少精神，这时，如果泡上一杯鲜爽的青茶或一杯浓浓的奶茶，不仅会提神健脑，还会解除疲劳；同时还会使办公室的气氛更加惬意，工作更有活力。

1. 择茶备具

办公室空间有限，可以选择简单的原料及茶具，如袋泡茶和简易的茶杯。可以根据自己的爱好和口味选择茶包中的茶品。原材料虽然简单，但可以在最短的时间里泡上一杯好茶。以奶茶为例：首先要选的原料是袋泡茶、牛奶、糖和玻璃杯，一般常选红茶来做奶茶的基茶。因为红茶的茶性温和，可以起到暖胃养身的效果。很多上班族都喜欢随身携带红茶包。当然也可以选择常规的茶壶、飘逸杯来泡茶，配以较大的品茗杯。

2. 简易泡茶

办公室泡茶过程要简单得多，不需要太多技法，但需注意泡茶流程，例如：冲袋泡茶的时候，先向杯中冲入沸水 1/3，然后，将茶包浸入杯中，过一两分钟后，冲水至七分满，提起茶包上下搅动几次，使茶包充分接触到沸水，有效地浸泡出茶的内含物，将茶包扔掉即可；如冲泡散茶时，用茶壶或飘逸杯根据具体茶叶冲泡即可，可用公道杯分茶，也可直接倒入较大的品茗杯进行饮用。

3. 自制调饮

图 6.20 办公室中的泡茶

茶内含物充分浸出后，如果想变换口味，可加入牛奶，加入量取决于每个人的喜好。一般来说，加入浓茶的不超过 30 毫升，加入中度茶的不超过 20 毫升，加入淡茶的不超过 15 毫升。加糖的时候也根据个人口味，并不一定要加糖才能得到香醇的奶茶，如果不适宜食用太多的糖，需要酌情添加；也可以通过加入柠檬、玫瑰花、菊花、陈皮等进行调饮。

办公室泡茶就是这么简单，既可以清饮，也可以稍加变化进行调饮。工作之余，也可以为自己泡上一杯香浓的茶，忙碌时不忘享受生活，感受茶带给我们的诸多益处。

绿茶茶艺　　盖碗红茶茶艺　　乌龙茶茶艺

任务三　茶器发展与演变

一、茶器的起源与发展

（一）茶器的起源

我们的祖先发现野生茶树，采集鲜叶与野生植物或稻米烹煮成羹汤食用，烹饮方法和器皿都很简单，是茶叶最初被利用的阶段，和其他食物共用木或陶制的碗，一器多用，没有专用的茶具。

茶具最早出现于西汉王褒《僮约》中“烹茶尽具”。当时饮茶有了专用器皿。从西汉到唐代，继陶之后出现了瓷器、金银等茶具，功能划分越来越细，制作工艺也越来越考究。

（二）茶器的发展

唐代茶具的生产规模已很可观，陆羽《茶经·四之器》记载，当时生产瓷茶器的主要地点有越州、岳州、鼎州、婺州、寿州、洪州等，书中还列举了煮茶、饮茶和储茶用具共 24 件。

宋代以后逐渐不加调味饮茶。民间饮茶大多用盏。盏是一种小型茶碗，敞口小底，有黑釉、酱釉、青白釉及白釉等多种，是斗茶品评的重要茶具。

宋代烧瓷技术有很大的提高，在全国形成了官、哥、汝、定、钧五大名窑，各生产不同风格的瓷器。官窑在杭州，哥窑在浙江龙泉，汝窑在河南临汝，定窑在河北曲阳，钧窑在河南禹州（古名钧州）。宋代茶具材料也有用金银质地的。

元代的青花瓷茶具声名鹊起，在白瓷上缀以青色纹饰，有鲜明的视觉效果，既典雅又丰富，清丽恬静，深受饮茶人士的推崇。

明代宜兴紫砂陶与瓷器并驾齐驱。“景瓷宜陶”在烧制釉色、造型上都有了革新发展。

明代制茶工艺将“蒸青”改为“炒青”，饮茶方式变煮茶为沏泡茶，紫砂陶有优异的泡茶功能，能够使茶叶的内质淋漓尽致地发挥出来，被人们认识并很快接受。紫砂茶是集金石、绘画、书法为一身的极具观赏和实用价值的艺术品，至今不衰。

清代盖碗颇受宫廷皇室、贵族、文人及大众的钟爱。茶碗一式三件又称“三才碗”，下有托，中有碗，上置盖。三才者，天、地、人也，蕴含“天盖之，地载之，人育之”的道理。

二、茶器的材质与分类

（一）茶器的材质

人们最常使用的茶具有茶壶、茶杯、茶碗、茶盏、杯托、托盘等，质地迥异，形式复杂、花色丰富，按材质的不同，主要有以下几种材质。

1. 陶器茶具

陶土器具是新石器时代的重要发明，最初是粗糙的土陶，然后逐步演变为比较坚实的硬陶。中国四大名陶是指宜兴陶、坭兴陶、建水陶、荣昌陶。

陶器中历来首推宜兴紫砂茶具，备受人们喜爱的紫砂茶具产于我国江苏省宜兴市丁蜀镇（古称“阳羡”），“人间珠宝何足取，岂如阳羡溪头一丸泥”的赞誉，道出了紫砂陶的珍贵。紫砂茶具所用的原矿紫砂陶不同于一般陶土，陶泥具有砂性，双气孔结构，前人在使用中总结了紫砂壶的七大优点：一是用以泡茶不失原味，“色香味皆蕴”，使“发茶性使茶叶越发醇厚浓香”；二是壶经久用，空壶沸水注入也有茶味；三是茶叶不易霉馊变质；四是耐热性能好，冬天沸水注入，无冷炸之虞，又可文火炖烧；五是砂壶传热缓慢，使用提携不烫手；六是壶经久用，反而光泽美观；七是紫砂泥色多变，耐人寻味。

2. 瓷器茶具

瓷器是中国古代伟大的发明。在 3000 多年前的商代已出现了原始青瓷，成熟的青瓷烧制工艺出自东汉，在浙江的上虞、宁波、慈溪、永嘉等地都发现了东汉瓷窑遗址。

“瓷都”江西景德镇所产的薄胎瓷器素有“白如玉，薄如纸，明如镜，声如磬”的美誉。清代各地制瓷名手云集景德镇，制瓷技术又有所创新。

晋代青瓷茶具主要产地在浙江。由于宋代瓷窑的竞争，技术的提高，使茶具种类增加，出产的茶壶、茶碗、茶盏、茶杯、茶盘等，品种繁多、式样各异、色彩雅丽，风格大不相同。

浙江龙泉青瓷，以“造型古朴挺健，釉色翠青如玉”著称于世，特别是造瓷艺人章生一、章生二兄弟俩的“哥窑”“弟窑”，继越窑有发展，学官窑有创新，因而产品质量突飞猛进，无论釉色或造型都达到了极高造诣。“哥窑”被列为五大名窑之一，“弟窑”也被誉为名窑之巨擘。哥窑瓷胎薄质坚、釉层饱满、色泽静穆，有粉青、翠青、灰青、蟹壳青等，以粉青最为名贵。

宋代龙泉青瓷已是国内畅销产品，还成为重要出口商品。哥窑的青瓷茶具于16世纪首次运销欧洲市场。

黑瓷茶具在宋代风靡一时，宋代斗茶之风盛行，建安窑所产的黑瓷茶盏用来斗茶最为适宜。宋蔡襄《茶录》中说：“茶色白，宜黑盏，建安所造者绀黑，纹如兔毫，其坯微厚，熁之久热难冷，最为要用。”这种黑瓷兔毫茶盏，风格独特、古朴雅致，瓷质厚重、保温性能较好，为斗茶行家所珍爱。

3. 漆器茶具

漆器茶具始于清代，主要产于福建福州一带。福州生产的漆器茶具多姿多彩，有宝砂闪光、金丝玛瑙、釉变金丝、仿古瓷、雕填、高雕和嵌白银等品种，鲜丽夺目，惹人喜爱。

4. 玻璃茶具

玻璃质地透明，光泽夺目，外形可塑性大，形态各异，用途广泛。玻璃杯晶莹剔透，细嫩柔软的茶叶在玻璃杯中上下翻动，叶片逐渐舒展，芽叶朵朵亭亭玉立，杯中轻雾缥缈、观之赏心悦目，别有风趣。

玻璃茶具的品种大多为杯、盘、瓶制品，如直筒杯、煮水器、公道杯、茶壶、飘逸杯、盖碗、品茗杯、闻香杯等。玻璃茶具的缺点是质地坚脆，易裂易碎，比陶瓷茶具烫手。

5. 金属茶具

我国历来也有用金、银、铜、铁、锡等金属制作的茶具，铜、锡茶具多用于泡茶辅助用具，如制成茶叶罐，有密封、防潮、防氧化、防光、防异味的效果，或是做成煮水器、茶则、茶匙等。用金银制成的饮茶用具，银质而外饰金箔或鎏金称饰金茶具。金银名贵延展性强、耐腐蚀，有美丽色彩和光泽，制作精致价值很高。

特别值得一提的是我国于1987年5月在陕西省皇家佛教寺院法门寺的地宫中发掘出一套晚唐僖宗皇帝李儇少年时使用的银质鎏金烹茶用具，计11种12件，反映出唐代皇室饮茶十分奢华。这是迄今见到的最高级的古茶具实物，堪称国宝。

除金银茶具外，还有其他材质的金属茶具如下。

（1）锡茶具

采用高纯精锡经多道工序制成。刚中带柔，密封性能好，延展性强，所制茶具多为储茶用的茶叶罐，冯可宾《岕茶笺》云：“近有以夹口锡器储茶者，更燥更密，盖瓷坛犹有微隙透风，不如锡者坚固也。”主张锡罐储茶。

（2）铜茶具

3000年前中国已有铜器，因铜器易生锈气，损茶味，故铜制饮茶用具很少应用。

至清代才因国外传入而流行铜茶壶。北京、天津传统小吃茶汤即用大铜壶煮水冲泡而成的，在四川等地，用长嘴铜壶沏泡盖碗茶的情景时常可见，云南也有用铜壶煮茶。

（3）景泰蓝茶具

景泰蓝茶具亦称“铜胎掐丝珐琅茶具”，是北京著名的特种工艺。将铜胎通过掐丝、点蓝、烧蓝、磨光、镀金等多种工序制作而成，制作精细，花纹繁缛，内壁光洁，蓝光闪烁，气派华贵。

（4）不锈钢茶具

用不锈钢制成的茶具如保温水壶、保温杯等，外表光洁明亮，电热壶（也称“随手泡”）是专门为泡茶设计的煮水器。

（5）竹木茶具

竹木茶具价廉物美、经济实惠，有茶盘、茶碗、杯盘、茶则、茶夹、茶针、茶叶罐等。

竹木茶具古已有之，陆羽《茶经》所载的竹木茶具有高床、夹、碾、罗、则、水方、瓢、竹夹、具列、都篮等。

竹木茶具多采取车、雕、琢、削等工艺加工制成，价格便宜取材容易、做工简易、轻便实用的特点，多受寻常百姓喜爱。

目前市场上还有用玉石、水晶、玛瑙、麦饭石等材料制作的茶具，这些器具价格昂贵、制作困难，对饮茶的实用价值低，主要作为礼品或摆设，供人们观赏。

（二）茶具的分类

茶具可以依据不同的标准分类，通常以茶具的材质、用途进行分类。

1. 按材质分类

陶瓷茶具：宜兴紫砂、景德镇瓷器、青瓷等。

玻璃茶具：各种壶杯美观，价格便宜，透明适合观赏茶汤色泽。

金属茶具：如金、银、铜、铁等用于煮水泡茶的金壶、银壶、铁壶、铜壶等。

竹木茶具：自然环保，容易受茶汤污染，北方暖气容易开裂。

2. 按用途分类

主泡茶器：泡茶的茶壶、盖碗、玻璃壶等。

品茗茶器：品茗杯、闻香杯、茶托、公道杯。

辅助工具：壶承、水盂、茶荷、茶针、茶夹、茶巾。

存储工具：茶叶罐用于保存茶叶。

三、常用茶器及使用规范

（一）茶器的选配

明代许次纾在《茶疏》中说：“茶滋于水，水藉乎器，汤成于火，四者相须，缺一则废。”唐代陆羽在《茶经 · 四之器》中也专门讲到了茶具。古人历来很重视泡茶的用具。《茶经》中把采茶、制茶的工具称之为“具”，把煮茶、饮茶的工具称之为“器”。

“工欲善其事，必先利其器。”人们讲究茶叶的色、香、味、形，泡茶用水的清、净、甘、冽，还必须具备一套适合的器具。

（二）常用茶器识别及使用

表 6-1 列出了常用茶器的功能、外观及使用规范。

表 6-1 常用茶器的识别及使用规范

名称	功能介绍	外观图片	使用规范
茶壶	主要泡茶器皿，有多种材质和形状，壶由壶盖、壶身、壶底和壶把四部分组成。由于壶的把、盖、底、形不同，壶的基本形态有多种。乌龙茶多选用中小型茶壶，有利于聚香，黑茶多选用敞口大中型茶壶，有利于浸出茶汤。泡茶时所用茶壶的大小视饮茶人数和冲泡茶叶品类而调整		使用茶壶时需注意：壶盖需与盖置配合使用。茶壶使用完毕，应尽快将茶渣倒出，以清水将茶壶内外冲洗干净，注意壶嘴部分是否被茶渣堵塞。紫砂壶是双向气孔，养护要以茶巾将茶壶外表水分擦去，放置阴凉通风处任其风干，再收置于摆放茶具的橱柜中
盖碗	主要泡茶器皿，又称“三才杯”，多为一件三式，上有盖、中有碗、下有托。大小和形状多种多样，有瓷、陶、玻璃等不同材质制造。泡茶时所用盖碗的大小视饮茶人数而调整。用盖碗泡茶，观形、察色、闻香、品味，一应俱全		盖碗是饮、泡两用茶器，用作主泡器来泡茶后分饮，也可当成茶杯直接饮茶。品茶人数多，可一位配一碗，同时冲泡直接用盖碗品饮，后添茶加水。使用盖碗时需注意，尽可能选择合适的盖碗大小，以趁手为宜，注水不宜过满，不得超过盖沿。出汤时，茶盖和茶碗要留有一定缝隙，缝隙太小不利出汤

续表

名称	功能介绍	外观图片	使用规范
玻璃杯	多为柱形带把或无把，或是盛放茶汤并饮用的器具。也有配内胆，让茶叶与茶汤分离。大部分玻璃杯冲泡茶叶浸泡时间长，投茶量要因人而异，通常同一茶类则细嫩茶用量多一点，中档茶用量少一些		使用玻璃杯冲泡茶叶时需注意：茶叶的类型和形状，不同绿茶的条索及紧结度不同，使茶叶在水中沉降速度不同，可分别用上、中、下投法冲泡。碧螺春茶最宜用上投法冲泡，龙井茶最宜用下投法冲泡。玻璃杯中投法冲泡时必须结合“凤凰三点头”的手法注水可以实现上下两层茶汤的浓度均匀
壶承	壶承有多种材质和形状，多为扁形或扁圆形的器皿，也有双层的，上层有孔。泡茶时用于承放茶壶和盖碗		泡茶时将壶承置于茶壶底部，冲泡时有多余的水会顺流于底部。日常使用切记常清洗避免产生茶垢和异味
盖置	有多种材质和形状，多为柱形，避免壶盖直接放在桌面		泡茶时将壶盖或碗盖放盖置上，常清洗
公道杯	用于均匀茶汤和分汤		根据主泡器容量挑选，宜大不宜小，茶席上还考虑美观
杯托	有多种材质和形状，垫、托茶杯		将茶杯放置于杯托上，避免茶汤洒落于桌面，奉茶时双手拿杯托更稳妥
茶盘	多为方形，材质多样，以竹或木材质为主	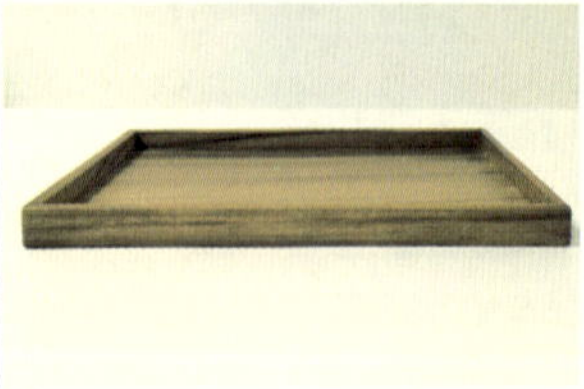	将杯托和品茗杯，从右到左依次摆到茶盘上，双手捧茶盘奉茶

续表

名称	功能介绍	外观图片	使用规范
水盂	有多种材质和形状，用于放废弃之水或茶渣		水盂不宜过小，挑选兼顾美观，日常使用切记常清洗避免产生茶垢和异味
茶匙	有多种材质，以竹或木材质为主，用于拨茶叶入茶壶或盖碗，常与茶荷搭配使用		使用茶匙时注意手法，不能当做汤匙使用，应该用拨的方式投茶
茶则	有多种材质，以竹或木材质为主，用于从茶叶罐中量取干茶的器具		注意手法运用，应该边转动茶叶罐，边用茶则向内收的方式取茶
茶夹	多竹木材质又称杯夹，用于夹杯烫杯，或夹出壶内废弃的茶叶		手抓住茶夹下半部分，夹得更紧。茶夹容易受潮发霉，日常使用须多清洁
茶荷	以白瓷材质为主，欣赏干茶的外形及闻茶香	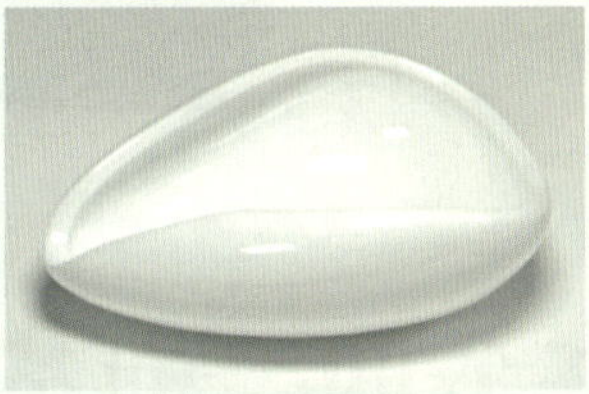	双手捧茶荷赏茶后，右手拿茶拨来拨茶
茶滤	用于分隔过滤片茶和碎茶		应兼顾美观的同时挑选，日常使用切记常清洗避免产生茶垢
茶刷	用于清洁茶壶或茶盘，也有壶友用来养壶		茶刷不宜过大，日常使用常清洗避免产生茶垢和异味

续表

名称	功能介绍	外观图片	使用规范
茶巾	又称涤方，擦桌面的滴水或清洁茶具用		茶巾切忌与抹布混用混洗。日常使用勤洗勤晾，避免产生异味
品茗杯	多选用白瓷或玻璃制作，用于观赏茶汤颜色，品尝滋味		用过的品茗杯应及时清洗消毒，放置在特定的保洁柜保证卫生
闻香杯	多选用白瓷制作的直筒小杯，用于闻香的器皿		用过的闻香杯应及时清洗消毒，放置在特定的保洁柜保证卫生
煮水器	由水壶和炉体组成。壶的质地有陶、铁、铜或不锈钢、搪瓷，也有用金银做成煮水壶。炉用多用电炉取代，或用炭炉加热		不锈钢煮水器日常使用定期用柠檬酸清洗避免产生水垢

任务四　泡茶择水

水乃茶之母，无水则不可泡茶。水质的好坏直接影响茶汤的质量，所以中国人自古就非常讲究泡茶用水。明代张源在《茶录》中宣称：“茶者，水之神；水者，茶之体。非真水莫显其神，非精茶曷窥其体。”杭州“龙井茶，虎跑水”，俗称杭州双绝；“蒙顶山上茶，扬子江心水”，闻名遐迩；“浉河中心水，车云山上茶”，中原闻名。这些都是名泉伴名茶之佐证。水中溶入了茶的清香芬芳，也溶入了茶道的精神品质、文化底蕴和审美理念。烹茶鉴水，也是中国茶道的一大特色。

一、水的分类和指标

茶人们常说水是茶之母，水是茶之体。好水配好茶，名泉伴佳茗，可谓品茗之佳境。

（一）水的分类

按来源分类，水可以分为泉水（山水）、溪水、江水（河水）、湖水、井水、雨水、雪水、露水、自来水、纯净水、矿泉水、蒸馏水等。

按硬度分类，水可以分为硬水和软水。碳酸钙含量 1mg/L 称为硬度为 1 度。通过科学手段对水的分析，水中还含有电离状态的钙和镁的碳酸钙、硫酸盐和氯化物，水中钙、镁离子含量少于 8mg/L 的称为软水，超过 8mg/L 的称为硬水。

（二）好水的指标

饮茶与水密不可分。好的泡茶用水可以通过以下几项进行综合判断。

1. 感官指标

水无异色，要求色度不超过 15°，即浑浊度不超过 5°，水不浑浊，呈透明状；水无异常的气味和味道，不含有肉眼可见物，通过感官判断为洁净。

2. 化学指标

水的 pH 为 6.5 ～ 8.5。茶汤水色对 pH 相当敏感。pH<6 时，水的酸性太大，汤色变淡；pH>7.5 时，呈碱性，茶汤变黑。

3. 硬度指标

水的硬度是反映水中矿物质含量的指标，它分为碳酸盐硬度和非碳酸盐硬度两种。前者在煮沸时产生碳酸钙、碳酸镁等沉淀，因此煮沸后水的硬度会改变，故称“暂硬度”，这种水称“暂时硬水”；后者煮沸时无沉淀产生，水的硬度不会发生改变，故称“永久硬度”，这种水称“永久硬水”。

水的硬度会影响茶叶成分的浸出率。软水中溶质含量较少，茶叶成分浸出率高；硬水中矿物质含量高，茶叶成分的浸出率低。尤其是当水的硬度 >30° 时，茶叶中的茶多酚等成分的浸出率明显下降。并且水的硬度大，水中钙、镁等矿物质含量高，还会引起茶多酚、咖啡碱沉淀，造成茶汤变浑、茶味变淡。各类茶中的风味最易受水质的影响，如要泡好绿茶最好用硬度为 3° ～ 8° 的水。

4. 其他指标

水中氯离子浓度不超过 0.5mg/L，否则有不良气味，茶的香气会受到很大影响。水中氯离子多时，可先积水放一夜，然后烧水时保持沸腾 2 ～ 3 分钟。

水中氯化钠的含量应该在 200mg/L 以下，否则咸味明显，对茶汤的滋味有干扰。

水中铁浓度不超过 0.3mg/L、锰不超过 0.1mg/L，否则茶汤变黑，甚至表面浮起一层“锈油”。

二、泡茶用水

水是生命之源。老子曾说：“上善若水，水善利万物而不争。”水是茶的载体，无水不可论茶也。

（一）用水要求

现代茶道认为，“源”“清”“活”“甘”“轻”五项指标俱全的水，才称得上宜茶美水。若要体现出茶的真味，唯有佳茗配美泉方可。

第一，水源要好。唐代陆羽《茶经》中记载有“其水，用山水上，江水中，井水下”。古人认为源于地层深处的泉脉之水，未被外界空气污染，泡出的茶汤滋味纯正。

第二，水质要清。清是对泡茶用水最基本的要求。水清则无杂、无色、透明、无沉淀物，方能体现茶汤本色。陆羽《茶经》中所列的茶具有一漉水囊，就是用来过滤水中杂质的。

第三，水源要活。流水不腐，在流动的活水中细菌不易繁殖，氧气和二氧化碳等气体的含量较高，同时活水有自然净化作用，泡出的茶汤特别鲜爽可口。宋代唐庚的《斗茶记》中有“水不问江井，要之贵活”之说。

第四，水味要甘。即水一入口，舌尖立时便会有甜滋滋的美妙感觉。咽下去之后，喉中亦觉甜爽，用这样的水泡茶自然会增添茶之甘甜。因此古人有云“凡水泉不甘，能损茶味”。

第五，水体要轻。水的比重越大，说明溶解的矿物质越多。各种金属矿物质对茶汤的滋味都有或浓或淡的影响，甚至含有毒性。所以水以轻为美。清代乾隆皇帝讲究以水的轻、重来辨别水质的优劣，并以此鉴别出各地水的品质，如北京的玉泉水就是以“轻”著称，被乾隆御赐第一泉。

（二）用水选择

1. 矿泉水

矿泉水指的是从地下深处自然涌出的或经人工开发的、未受污染的地下矿泉水，含有一定的矿物盐、微量元素或二氧化碳气体，在通常情况下，其化学成分、流量、水温等动态指标在天然波动范围内相对稳定。矿泉水里面含有丰富的锂、锶、锌、溴、碘、硒和硅等多种微量元素。矿泉水是有益于茶汤品质表现的，但并不是所有茶用矿泉水冲泡都表现优秀，会因茶而异。

2. 纯净水

纯净水是蒸馏水、太空水等的合称，是一种安全无害的软水。纯净水是以符合生活饮用水标准的水为水源，采用蒸馏法、电解法、逆渗透法及其他适当的加工方法制得，纯度很高，不含任何添加物，可直接饮用的水。纯净水是经过一系列处理的酸碱适中的生活用水，用其来泡茶不失为最方便的一个选择。

3. 净化水

净化水是通过净化器对自来水进行二次终端过滤处理制得，净化原理和处理工艺一般包括粗滤、活性炭吸附和薄膜过滤三级系统，能有效地清除自来水管网中的红虫、铁锈、悬浮物等成分，降低浊度，吸附余氧和有机杂质，并截留大肠杆菌等微生物，从而提高自来水水质，使其达到国家饮用水卫生标准。但是，净水器中的粗滤装置要经常清洗，活性炭也要经常换新，用得时间久了，净水器内胆易堆积污物，繁殖细菌，形成二次污染。净化水易得，是现代生活中常用的、经济实惠的优质饮用水，水质标准略低于纯净水，用其来泡茶要好于一般的自来水。

4. 自来水

自来水是最常见的生活饮用水，其水源一般来自江、河、湖泊，是属于加工处理后的天然水，为暂时硬水。因其含有较多的氯，饮用前需置清洁容器中 1 ~ 2 天，让氯气挥发，煮开后可用于泡茶，水质则可达到要求。自来水若水源地好，硬度低，用其泡茶也能满足一般的需求。

5. 活性水

活性水包括磁化水、矿化水、高氧水、离子水、自然回归水、生态水等品种。这些水均以自来水为水源，一般经过滤、精制和杀菌、消毒处理制成，具有特定的活性功能，并且有相应的渗透性、扩散性、溶解性、代谢性、排毒性、富氧化和营养性功效。煮开后可用于泡茶。

6. 天然水

天然水包括江、河、湖、泉、井、雨水及雪水。用这些天然水泡茶应注意水源、环境、气候等因素，判断其洁净程度。取自天然的水经过滤、臭氧化或其他消毒过程的简单净化处理，既保持了天然又达到洁净，也属天然水之列。雨水和雪水被古人誉为“天泉”。用雪水泡茶，一向被人重视。如唐代大诗人白居易《晚起》诗中的“融雪煎香茗”，元代诗人谢宗可《雪煎茶》诗中的“夜扫寒英煮绿尘”。在天然水中，泉水杂质少，透明度高，污染少，是泡茶最理想的水。至于雨水、雪水之类的天然水，是古人为了增添品茶情趣而用，从卫生学的角度来看，现在不提倡使用此类水来泡茶。

陆羽曾说“山水上，江水中，井水下”，即指用山泉水泡茶最好。但现代研究表明，各种泡茶用水，应尽量选用地域较为清洁、无污染的优质水源地制造的低矿化度、低硬度和中性或微酸水。

三、名泉佳水

受茶圣陆羽影响，古往今来，许多名人、茶人不辞辛苦地探访名山，寻找名泉，汲水烹茗，留下了许多描绘泉水美的佳话。用山里的泉水，烹当地产的茶，茶鲜水灵，其味更佳。正如唐代张又新在《煎茶水记》中述："夫茶烹于所产处，无不佳也，盖水土之宜，离其处，水功其半。"我国名山多，"名山出名茶"，名山往往也有"名泉"。历史上对天下名泉的排名排序说法不一，此介绍众家熟知的十二个名泉。

按常理，既为"天下第一泉"，应该是普天之下独一无二，然而事实上，单在中国被称为天下第一泉的，就有四处：一处为江西庐山的谷帘泉，一处为北京西郊园的玉泉，一处为江苏镇江的中冷泉，一处为山东济南的趵突泉。

（一）江西庐山谷帘泉——天下第一泉

谷帘泉又名三叠泉，在庐山主峰大汉阳峰南面康王谷中。据唐代张又新《煎茶水记》记载，陆羽曾经应李季卿的要求，对全国各地 20 处名泉排出名次，其中第一名是"庐山康王谷谷帘泉"。谷帘泉四周山体，多由砂岩组成，加之当地植被繁茂，下雨时雨水通过植被，再慢慢沿着岩石节理向下渗透，最后通过岩层裂缝，汇聚成一泓碧泉，从崖涧喷洒散飞，形成"岩垂匹练千丝落"的壮丽景象。因水如垂帘，故又称为"水帘泉"或"水帘水"。历史上众多名人墨客，都以能亲临观赏这一胜景和亲品"琼浆玉液"为幸。宋代陆游一生好茶，在入川途中，路过江西时，也对谷帘泉称赞不已。此外，宋代的王安石、秦少游、朱熹等也都慕名到此，品茶品水，公认谷帘泉水"甘馥清冷，具备诸美而绝品也！"人们普遍认为谷帘泉的泉水具有八大优点，即清、冷、香、柔、甘、净、不噎人、可预防疾病。

图 6.21 江西庐山谷帘泉

（二）北京西郊园玉泉——天下第一泉

玉泉水甘洌，水清而碧，澄洁似玉，故名玉泉。山由水得名，被称为“玉泉山”。玉泉被称为天下第一，跟乾隆皇帝分不开。相传乾隆皇帝是有名的嗜茶皇帝，他每次巡视全国各地时，都让属下带一只银斗称量各地名泉的比重，经过评比，玉泉的水比重最轻且极其甘洌，所以赐封玉泉为“天下第一泉”。他还特地撰写了《玉泉山天下第一泉记》。记中说：“水之德在养人，其味贵甘，其质贵轻。朕历品名泉……则凡出於山下而有洌者，诚无过京师之玉泉，故定为天下第一泉。”玉泉被乾隆皇帝钦命为“天下第一泉”。

（三）江苏镇江中泠泉——天下第一泉

中泠泉也叫中濡泉、南泠泉，位于江苏镇江金山寺外。唐宋之时，金山还是“江心一朵芙蓉”，中泠泉也在长江中。据记载，以前泉水在江中，江水来自西方，受到石簰山和鹘山的阻挡，水势曲折转流，分为三泠，而泉水就在中间一个水曲之下，故名“中泠泉”。因长江水深流急，汲取不易。据传打泉水需在正午之时将带盖的铜瓶子用绳子放入泉中后，迅速拉开盖子，才能汲到真正的泉水。南宋爱国诗人陆游曾到此，留下了“铜瓶愁汲中濡水，不见茶山九十翁”的诗句。

图 6.22 江苏镇江中泠泉

陆羽品评天下泉水时，中泠泉名列全国第七，陆羽之后的后唐名士刘伯刍把宜茶的水分为七等，扬子江的中泠泉依其水味和煮茶味佳名列第一。另外，中泠泉还传有“盈杯不溢”之说，贮泉水于杯中，水虽高出杯口 1 ~ 2 毫米都不溢，水面放上一枚硬币，不见沉底，从此中泠泉被誉为“天下第一泉”。在 1992 年 5 月出版的《中国茶经》中，中泠泉还被列为中国五大名泉之首。

（四）山东济南趵突泉——天下第一泉

趵突泉又名槛泉，位于济南市中心趵突泉公园，距今有2700年的历史。南倚千佛山，北靠大明湖，是济南三大名胜之一，为七十二泉之首，有“济南泉水甲天下”的赞誉。泉水四季恒温，固定在18℃左右。自古以来就有“不饮趵突水，空负济南游”之说。泉水昼夜喷涌，涌出时奔突跳跃，其水势如鼎沸，状如白雪三堆，冬夏如一，蔚为奇观。前人赞美趵突泉就有“倒喷三窟雪，散作一池珠”及“千年玉树波心立，万叠冰花浪里开”等佳句。趵突泉水清醇甘洌，烹茶甚为相宜，宋代曾巩说“润泽春茶味更真”。传说乾隆皇帝下江南途经济南时品饮了趵突泉水，觉得这水竟比他赐封的“天下第一泉”玉泉水更加甘洌爽口，于是赐封趵突泉为“天下第一泉”，并写了一篇《游趵突泉记》，还为趵突泉题书了“激湍”两个大字。此外，蒲松龄也把天下第一的桂冠给了趵突泉。乾隆末年，山东按察使石韫玉为趵突泉题写了一副对联：“画阁镜中，看幻作神仙福地。飞泉云外，听写成山水清音。”我国名泉虽多，但像趵突泉这样“石中含窍，地下藏机”，能幻作神仙福地、听出山水清音的奇泉灵水也是绝无仅有了。据此看来，趵突泉被誉为“天下第一泉”更有说服力。

图6.23 山东济南趵突泉

（五）江苏无锡惠山泉——天下第二泉

惠山泉位于江苏无锡惠山寺附近，原名漪澜泉，相传为唐朝无锡县令敬澄派人开凿，共两池，上池圆，下池方，故又称二泉。泉水质轻而味甘，深受茶人赞许。唐代天宝进士皇甫冉称此水来自太空仙境；唐元和进士李绅说此泉是“人间灵液，清鉴肌骨，漱开神虑，茶得此水，尽皆芳味”。惠山泉盛名，始于中唐，其时，饮茶之风大兴，品茗艺术化，对水有更高的要求。据张又新的《煎茶水记》载，最早评点惠山泉水品的是唐代刑部侍郎刘伯刍和“茶神”陆羽，他们品评的宜茶范围不一，但都将惠山泉列为“天下第二泉”。自此以后，历代名人学士都以惠山泉沏茗为快。元代著名书法家赵孟頫慕名而来，并专门为惠山泉题写了“天下第二泉”五个大字，至今仍在泉亭后壁上，保存完好。

图 6.24 江苏无锡惠山泉

图 6.25 江苏无锡惠山泉

中国被称为天下第三泉的，也有四处：一处为江苏虎丘寺石泉，一处为浙江虎跑泉，一处为浙江龙井泉，一处为山东珍珠泉。

（六）江苏苏州虎丘寺石泉——天下第三泉

石泉水位于苏州虎丘寺旁，其地不仅以天下名泉佳水著称于世，而且以风景秀丽名闻遐迩。据《苏州府志》记载，唐德宗贞元中，陆羽寓居苏州虎丘，发现虎丘山泉甘醇可口遂在虎丘山挖筑一井，在天下宜茶二十水品中，陆羽称“苏州虎丘寺石泉水，第五”。后人称其为“陆羽井”，又称“陆羽泉”。在虎丘期间，陆羽还用虎丘泉水栽培茶树。由于陆羽的提倡，苏州人饮茶成习俗，百姓营生，种茶亦为一业。差不多与陆羽同时代的刘伯刍又评它为“天下第三泉”。从此，虎丘寺石泉水又有了“天下第三泉”之美称。其实，虎丘寺石泉水，人们能见到的是一口古石井。井口大约有一丈见方，四壁垒以石块。井泉终年不涸，清洌甘醇，用来试茗，能保持茶的清香醇厚本色，又有甘甜鲜爽之美。

（七）浙江杭州虎跑泉——天下第三泉

虎跑泉，在浙江杭州市西南慧禅寺（俗称虎跑寺）侧院内，距市区约 5 公里。虎跑泉石壁上刻着“虎跑泉”三个大字，功力深厚，笔锋苍劲，出自西蜀书法家谭道一的手迹。相传，唐元和十四年（819 年）高僧性空来此，喜欢这里风景灵秀，便住了下来。后来，因为附近没有水源，他准备迁往别处。一夜忽然梦见神人告诉他说：“南岳有一童子泉，当遣二虎将其搬到这里来。”第二天，他果然看见二虎跑（刨）地作地穴，清澈的泉水随即涌出，故名为虎跑泉。其实，虎跑泉是从大慈山后断层陡壁砂岩、石英砂中渗出。古往今来，凡是来杭州游历的人们，无不以能身临其境品尝一下以“虎跑甘泉之水冲泡西湖龙井之茶”为快事。历代的诗人们留下了许多赞美虎跑泉水的诗篇。如清代诗人黄景仁在《虎跑泉》一诗中有云："问水何方来？南岳几千里。龙象一帖然，天人共欢喜。"著名文学家郭沫若1959年2月游虎跑泉时，在品茗之际，曾作诗一首："虎去泉犹在，客来茶甚甘。名传天下二，影对水成三。饱览湖山美，豪游意兴酣。春风吹送我，岭外又江南。"虎跑泉泉水晶莹甘洌，居西湖诸泉之首，与龙井泉并称"天下第三泉"，"龙井茶叶虎跑水"也被爱茶之人誉为"西湖双绝"。

（八）浙江杭州龙井泉——天下第三泉

龙井泉地处杭州西湖西南，是一个裸露型岩溶泉。古时候，龙井泉逢旱年却不干涸，古人认为其与大海相通，有神龙潜居，膜拜景仰，故称其为"龙井"。又名龙湖泉、龙湫泉，为一圆形泉池，环以精工雕刻的云状石栏。泉池后壁砌以垒石，泉水从垒石下的石隙涓涓流出，汇集于龙井泉池，尔后通过泉下方通道注入玉泓池，再跌宕下泻，成为凤凰岭下的淙淙溪流。据明代田汝成《西湖游览志》载，龙井泉发现于三国东吴孙权统治年间，东晋学者葛洪在此炼过丹。清乾隆皇帝在《再游龙井作》中写道："清跸重听龙井泉，明将归辔户华旃；问山得路宜晴后，汲水煎茶正雨前。"龙井泉泉水出自山岩中，清澈甘洌，四季不旱，平滑如镜，与虎跑泉齐名的"天下第三泉"，也是杭州四大名泉之一。历史上有"采取龙井茶，还烹龙井水"之说。

图 6.26 浙江杭州龙井泉

图 6.27 浙江杭州龙井泉

（九）山东济南珍珠泉——天下第三泉

珍珠泉，在山东省济南市北珍珠泉院内，为泉城七十二泉四大泉群之一——珍珠泉群之首。泉从地下上涌，状如珠串。泉水汇成水池，约一亩见方，清澈见底。珍珠泉水，清碧甘洌，是烹茗上等佳水。清乾隆皇帝每逢巡幸山东时，喜欢以珍珠泉水煎茶。当年乾隆皇帝在品评天下名泉佳水时，以清、洁、甘、轻为标准，将济南珍珠泉评为"天下第三泉"。清代王昶《游珍珠泉记》云："泉从沙际出，忽聚忽散，忽断忽续，忽急忽缓，日映之，大者为珠，小者为玑，皆自底以达于面。"此名泉胜地曾被官府侵占。新中国成立后，重建修整，小桥流水，绿柳垂荫，花木扶疏，亭树幽雅。附近还有濯缨、小王府、溪亭、南芙蓉、朱砂等诸名泉，组成珍珠泉群，均汇入大明湖。清代刘鹗《老残游记》描绘济南“家家泉水，户户垂杨”的景色，当属这一地区。

图 6.28　山东济南珍珠泉

（十）湖北蛤蟆泉——天下第四泉

蛤蟆石，在长江西陵峡东段。距湖北宜昌市西北 25 千米处，有一呈椭圆形的巨石，霍然挺出，从江中望去好似一只张口伸舌、鼓起大眼的蛤蟆，人们称之为蛤蟆石，又叫蛤蟆碚。在蛤蟆尾部山腹有一石穴，中有清泉，泠泠倾泻于“蛤蟆”的背脊和口鼻之间（因蛤蟆头朝北），漱玉喷珠，状如水帘，垂注入长江之中，名曰“蛤蟆泉”。蛤蟆泉，水清、味甘，是烹茶、酿酒的上好水源。陆羽曾多次来此品尝，他在《茶经》中写道：“峡州扇子山有石突然，泄水独清冷，状如龟形，俗云蛤蟆泉水第四。”蛤蟆泉传说是月宫中的蛤蟆吐的琼浆玉液，清人杨毓秀在《东湖物产图赞》中说“太阴之精，广寒是宅，窃饮天汉，逃距峡侧，罡风踔厉，吹化为石，远导汉潢，潜疏坤脉，口吐琼浆，泽我下国”，演绎了一个传奇的神话故事：月宫中的一只小蛤蟆，因偷饮了天池中的圣水，被月宫之子吴刚一斧打昏，从半天云里掉到了灯影峡的江边，被一位善良的老樵夫搭救，小蛤蟆为报救命之恩，风化成石，蹲在江边长年喷吐甘液。小蛤蟆吞食天地灵气，汲取日月精华，它所喷吐的也是琼浆玉液，石牌当地流传着一首民谣：“明月水，明月水，小蛤蟆吐的活宝贝，泡茶茶碗凤凰叫，煮酒酒杯白鹤飞，十里闻香人也醉。”

北宋文学家苏轼和苏辙兄弟都曾登临蛤蟆泉并赞赏道：“岂惟煮茗好，酿酒更无敌。”

（十一）江苏扬州大明寺泉——天下第五泉

大明寺，在江苏扬州市西北约 4 公里的蜀岗中峰上，东临观音山。建于南朝宋大明年间(457—464 年)而得名。在大明寺山门两边的墙上对称地镶嵌着：“淮东第一观”和“天下第五泉”十个大字，每字约一米见方，笔力遒劲。

著名的“天下第五泉”即在寺内的西花园里。相传为清乾隆十六年(1751 年)，乾隆皇帝下江南，到扬州欣赏风景的一个御花园，向以山林野趣著称。唐代茶人陆羽在沿长江南北访茶品泉期间，实地品鉴过大明寺泉，被列为天下第十二佳水。唐代另一位品泉家刘伯刍却将扬州大明寺泉评为“天下第五泉”，于是，扬州大明寺泉，就以“天下第五泉”扬名于世。大明寺泉，水味醇厚，最宜烹茶，凡是品尝过的人都公认宋代欧阳修在《大明寺泉水记》所说“此水为水之美者也”是深识水性之论。

（十二）江西庐山招隐泉——天下第六泉

招隐泉，位于庐山栖贤寺观音桥边。水色清碧，其味甘美，被陆羽确认为“天下第六泉”。招隐泉的名字来历与陆羽紧密相连，相传有两个说法，一是陆羽曾隐居浙江苕溪，人称“苕隐”，由此演变此泉为“招隐”之名；二是由当时的大官吏李季卿慕名召见隐居在此的陆羽而来，因“召”与“招”字同音，人们将此泉称为“招隐泉”。招隐泉旁旧有陆羽亭，曾是陆羽隐居煮茶的地方。招隐泉为裂隙泉，泉水自基岩裂隙中流出，泉水色清如碧、味甘如饴，长流不竭。据测定，招隐泉水呈中性，每升水中约溶解有 70 毫克的硫酸钙，因而入口使人感到甘爽，硬度低，属软水。水体洁净，透明无色，水温四季不变，流量稳定，为山泉中之优质饮用水，更是宜茶好水。

我国名泉众多，像一颗颗璀璨的珍珠散落在中华大地上，滋养着一代又一代的华夏子民。中国人历来讲究泡茶所用的水与器。除去茶的芳香甘醇之外，水中更是溶解了茶道的精神内涵、文化底蕴和审美理念。茶道重水、重器，是重礼仪，也是重德行，更是重生活。

▶ 拓展阅读

陆羽鉴水

本章小结

本章内容主要涉及ISO茶叶分类标准、茶叶冲泡通则与方法、茶器发展与演变、泡茶择水等知识。通过以上知识的讲述，学生可以了解国际茶类划分标准，熟悉茶叶冲泡的流程和方法，理解水和器对茶性的发挥是相当重要的。

实训任务

实践题目：辨茶类·赏茶器·学泡法

实践目的：通过本章理论知识的学习，对照实体店的茶叶和茶器，能辨别六大茶类和再加工茶类，同时选择相应茶器进行正确冲泡，理论与实践相结合。

实践方法：通过实地调研、资料搜集、亲身体验等方法，以小组为单位到国际茶城参观学习，进行讨论、交流和分享。

思考与练习

一、选择题

1. 陆羽《茶经》指出：其水，(　　)。

   A. 江水上，山水中，河水下　　B. 山水上，河水中，江水下

   C. 山水上，江水中，井水下　　D. 泉水上，溪水中，河水下

2. 斟茶一般(　　)满。

   A. 三分　　B. 五分　　C. 七分　　D. 九分

3. 下列属于主泡茶器的是(　　)。

   A. 盖碗　　B. 品茗杯　　C. 公道杯　　D. 茶荷

二、判断题

1. 用含铁离子较多的水泡茶，茶汤表面易起“锈油”。(　　)
2. 雨水和雪水是比较纯净的，被古人用来煮茶，特别是雪水。(　　)
3. 每升水中钙离子的含量大于8mg时称为硬水。(　　)

三、思考题

1. 简述中国名泉。(至少4个)

2. 使用茶壶需要注意哪些问题？

参考答案

项目七

茶饮润生活
——茶饮与健康生活

思维导图

项目七 茶饮润生活——茶饮与健康生活

- 任务一　茶叶的主要成分
- 任务二　各类茶的保健作用
- 任务三　健康饮茶方式

学习目标

知识目标

· 熟悉茶的营养和保健作用
· 掌握茶的药用成分及功效
· 掌握各类茶的属性与功效
· 掌握健康饮茶的方式

能力目标

· 能够分析茶叶主要成分的作用和功效
· 能够把茶健康知识运用到实际生活中
· 能够学会科学饮茶

素养目标

· 培养对中国茶的健康属性的认知和对人体健康的积极影响
· 加深对茶健康知识和理念，提升茶健康素养，养成良好的健康生活方式

任务一 茶叶的主要成分

古今中外，很多医药及茶叶专著中都谈到茶与健康的关系，茶叶最初也是由于药用价值而被发现和利用的，人们把茶称为“万病之药”，发现长期饮茶可使人元气旺盛，百病难侵。科学研究也表明，茶叶中含有与人体健康密切相关的化学成分，其药理作用是其他饮料难以替代的。

一、茶的营养作用

茶作为一种营养物质，不仅因为茶叶中含有人体所必需的多种营养成分，还在于茶叶本身能够有效调理人体对各种营养物质的综合吸收利用，从而更好地维持人体功能平衡。现代科学研究表明，茶叶不仅具有提神醒脑、生津止渴、增强免疫力、抗过敏、抑菌解毒、消口臭、降压降糖等药理作用，还对抑制心血管疾病、防癌抗癌、降脂助消化等疾病，有一定的药理功效。

（一）抗氧化、抗衰老

自由基是人类衰老和患病的根源，茶叶中的茶多酚具有很强的抗氧化性，是人体自由基的清除剂。据日本实验结果证实，茶多酚的抗衰老功效要比维生素E强18倍，

它能抑制氧化酶，直接清除自由基，从而延缓人体衰老的过程。茶多酚对氧化酶有抑制作用，能提高体内抗氧化酶的活性，调节和增加机体细胞免疫功能，对免疫功能低下的机体能提高其免疫作用，对正常机体免疫功能起到调节和保护作用。茶多酚抗氧化性还能与多种氨基酸、维生素 C、维生素 E 有协同增效作用。

（二）消炎杀菌

茶叶中茶多酚有很强的收敛作用，对病原菌、病毒、细菌等微生物有抑制和杀伤双重作用。茶多酚可阻止病菌对机体的侵袭，可抑制有害菌群的生长，维持正常菌群平衡，促进有益菌生长，并且不会使细菌产生耐药性，改善体内微生物的状况。茶多酚还能有效沉淀多数重金属盐，对饮用水起到消毒作用，对人体也起到解毒抗菌的功效，对消炎止泻有一定效果。

（三）抗癌防癌

茶叶中起到抗癌的物质主要有茶多酚、生物碱、维生素等。茶多酚可以阻断亚硝酸铵等多种致癌物质在体内合成，具有直接杀伤癌细胞的功效。此外，茶多酚能抑制肿瘤放化疗中引起的白细胞和血小板减少。据相关研究显示，女性每天饮茶 10 杯，癌症的发生时间平均可以延迟 7.3 年，男性平均延迟 3.2 年。

（四）预防心脑血管疾病

茶多酚可以调节血脂代谢，有研究表明，饮茶可以有效降低血脂，抑制动脉粥样硬化。动脉粥样硬化是导致心脑血管疾病的主要因素，茶叶中的茶多酚能与体内的脂类结合，通过粪便将其排出体外，从而抑制脂质斑块的形成；另外在肝脏中抑制胆固醇的合成，从而起到调节血脂、预防心脑血管疾病的作用。茶多酚还能抑制血小板凝集，防止血栓的形成。

此外，茶叶中的色素，主要成分是儿茶素等多酚类及其氧化衍生物的混合物，尤其是茶黄素的抗氧化能力最强，通过改善机体免疫力和组织代谢水平，能有效预防心脑血管疾病。茶色素还能消除自由基、调节血脂，抑制主动脉脂质斑块的形成。

（五）防辐射作用

茶多酚具有防辐射作用，主要表现在对辐射损伤的防护和对损伤机体的治疗两方面。据有关医疗部门临床试验证实，茶多酚及其氧化产物对肿瘤患者在放射治疗过程中引起的轻度放射病，用茶叶提取物进行治疗，有效率可达 90% 以上；对血细胞减少症，茶叶提取物治疗的有效率达 81.7%；对因放射辐射而引起的白细胞减少症有疗效。

（六）美容养颜

茶叶中的茶多酚是水溶性物质，用它洗脸能清除面部的油腻，收敛毛孔，具有消毒、灭菌、抗皮肤老化。茶多酚还能抑制黑色素细胞的异常活动，减少黑色素分泌，减少日光中的紫外线辐射对皮肤的损伤，因此，也常用茶叶提取物制作防晒化妆品等。茶叶中的维生素 C、维生素 E，可以抗氧化、抗衰老，保持皮肤弹性，对皮肤起到美白、减少色斑的作用。芳香物质能使人心情愉悦、神清气爽，达到美容养颜的效果。

（七）护齿明目

茶叶中的多酚类化合物有抑菌作用，可防止牙菌斑的产生，经常喝茶或饭后用茶水漱口能有效防止蛀牙；还能抑制牙周炎的病菌生长，减轻齿龈萎缩，预防牙周炎，因此人们也将茶叶提取物用于牙膏、口香糖中，还可以有效消除口臭。同时茶叶中含氟量较高，氟离子与牙齿的钙质有很大的亲和力，能变成一种较难溶于酸的氟磷灰石，像给牙齿加上一个保护层，提高了牙齿的防酸抗龋能力，可预防龋齿、护齿、坚齿。氟也是人体必需的微量元素，在骨骼与牙齿的形成中有重要作用，缺氟容易导致骨质疏松，茶叶中的氟很容易浸出，喝茶可以有效摄取氟离子。茶叶中的维生素 B1、维生素 B2，能降低眼睛晶体混浊度，预防视力模糊、眼睛干涩，增强视网膜的辨色力。经常饮茶，对减少眼疾、护眼明目均有积极作用。

（八）提神醒脑

茶叶中的咖啡碱能促使人体中枢神经兴奋，使头脑思维活动更为迅速清晰、消除睡意、增强活力。人体肌肉和脑细胞在代谢过程中会产生乳酸，引起疲劳，饮茶可以使体内乳酸迅速排出，起到消除肌肉疲劳的作用，从而提高工作和学习效率。另外茶叶中的茶氨酸能增强记忆力，提高学习效果；芳香物质可提神醒脑，使人心情愉悦，提高工作效率。

（九）降脂减肥

茶叶中的咖啡碱能提高胃液的分泌量，可以帮助消化，增强分解脂肪的能力，有助于减肥。唐代《本草拾遗》中对茶的功效就有“久食令人瘦”的记载。我国少数民族地区多喜食肉类和饮茶，就是因为茶叶有助于消化和降低脂肪的重要功效，有“不可一日无茶”之说。

（十）利尿解乏

茶叶中的咖啡碱有利尿作用，可排除人体血液中的过量乳酸，有助于消除疲劳。多饮茶可使体内新陈代谢产生的有毒有害物质及时排出体外，从而保障人体健康。但饮过量茶和浓茶，会加重肾脏的负担，体内水分过少，还会引起便秘。茶的利尿效果与同量的水比较，茶多了 1.5 倍，而且氨化物的排出量多了 2.5 倍。

二、茶的药用成分

茶叶中的化学成分，已知经过分离鉴定的化合物有700多种，具有药用价值的就有250多种，大部分与人体健康和治病药物有关，其中药理作用最明显的成分主要有茶多酚、生物碱、糖类、氨基酸、蛋白质、维生素以及对人体有益的矿物质元素等。

（一）茶多酚

茶多酚是茶叶中酚类物质及其衍生物的总称，并不是一种物质，因此常称为多酚类化合物。茶多酚是茶叶中主要的活性成分和保健成分，也称茶单宁、茶鞣质，约占茶叶干物质的20%～35%，主要表现在茶芽上，对茶叶品质的影响最显著。茶多酚中最核心的成分是儿茶素，儿茶素中有一种物质叫EGCG。现代科学证实，茶的抗氧化功效主要由EGCG发挥作用。儿茶素不但能抗癌，还能延长人的寿命。茶多酚含量因品种、自然条件、季节和地理环境的不同而各异。一般来说，大叶种、夏季茶、嫩度高的原料茶多酚含量高。茶多酚呈苦涩味和收敛性，是茶叶滋味品质的主要成分之一。

茶多酚具有非常强的抗氧化性和生理活性，有阻断脂质过氧化反应、清除有害自由基的作用；还能阻断亚硝酸铵等多种致癌物质在体内合成，有助于防癌抗癌；能防止因放射性照射而引起的白血球减少症；抗血小板凝集和抗血栓；减低血液黏稠度，有助于抑制心血管疾病、防止动脉粥样硬化；能杀灭多种对人体有害的细菌；抗过敏；能美容护肤，抗皮肤老化、抗辐射，减轻日光中的紫外线辐射对皮肤的损伤等。

（二）生物碱

茶叶中包含三种作用相似的弱碱性生物碱：咖啡碱（2%～4%）、可可碱（0.05%）及少量茶碱（0.002%），其中咖啡碱占的比例最大，因其在咖啡中发现而得名咖啡碱，是影响茶叶品质的主要因素。通常，大叶种、夏季茶、嫩度高的茶中生物碱含量较高。

咖啡碱为白色结晶，易溶于热水，在冲泡茶汤中能溶解约80%。通常喝茶摄入咖啡碱的量远远低于喝咖啡摄入咖啡碱的量，因此茶被当作“温和的标准兴奋剂”。此外，咖啡碱与酸类及其氧化产物结合，既能减轻苦涩味，使滋味更加醇和，还能减轻咖啡碱的刺激作用，对人体健康是安全的。

咖啡碱能促使人体中枢神经兴奋，增强大脑皮层的兴奋过程，起到提神益思、清心的效果；能刺激肾脏，促使尿液迅速排出体外，提高肾脏的滤出率，减少有害物质在肾脏中滞留时间；还可刺激胃液的分泌，从而促进消化，尤其是促进含蛋白质类食物的消化，从而消脂减肥；还可排除尿液中的过量乳酸，有助于使人体尽快消除疲劳；能强化血管壁弹性，有弛缓平滑肌作用、强心作用，可消除支气管和胆管的痉挛。

（三）糖类

茶叶中的糖类包括单糖、寡糖、多糖及少量其他糖类，占干物质总量的20% ~ 25%，是茶中的主要甜味成分。茶中的糖类物质具有增强免疫能力、抗辐射、抗凝血、利尿等作用。其中茶多糖是茶叶中具有生物活性的多糖复合物，是一种酸性糖蛋白，是糖类的大分子聚合物质，在粗老茶叶中含量较多。

茶多糖具有降血糖、降血脂、增强免疫力、降血压、减慢心率、抗凝血、抗血栓和耐缺氧等作用。由于茶多糖主要为水溶性多糖，易溶于热水，具有明显的降糖效果，对治疗糖尿病有一定功效。研究表明，茶叶越粗老治疗糖尿病的效果越好，有效率可达70%，在临床上应用树龄70年以上的老茶树树叶治疗糖尿病，疗效明显。茶多糖能抑制血小板的黏附作用，有效降低血液黏度，延长凝血时间，从而减少血栓的形成。茶多糖还可以增强机体免疫力，有抗癌、抗辐射、抗氧化作用，通过与脂蛋白酯酶结合，起到抗动脉粥样硬化的作用。

（四）氨基酸

茶中的氨基酸有20余种，含量占干物质的1% ~ 4%，味道呈现鲜、爽、甜的特点。其中茶氨酸是一种在其他植物中比较罕见的氨基酸，它是1950年日本酒户弥二郎从玉露茶新梢中发现的，并命名为茶氨酸。茶氨酸是茶叶中特有的游离氨基酸，占茶叶所含氨基酸总量的50%以上，其含量高低影响茶叶的香气、汤色和鲜爽度。一般，春茶中的茶氨酸含量比夏秋茶高，茶树嫩叶中氨基酸含量比老叶含量高，因此高级绿茶中氨基酸的含量较高，在一些名优茶中含量可超过2%，像安吉白茶的氨基酸可达到6%左右。因此茶氨酸与绿茶滋味为强正相关，氨基酸含量越高，苦涩度相对越低。

茶基酸不仅能缓解茶的苦涩味，增强甜味、鲜爽味，还具有振奋精神、抗疲劳的作用，适于辅助性调理心脏性或支气管型狭心症、冠状动脉循环不足和心脏性水肿等症状。茶氨酸能提高大脑功能，增强记忆力，使大脑处于最佳的思考状态，改善和提高学习效果。同时还具有松弛神经的作用，能减轻焦虑和缓解压力，对咖啡碱的兴奋作用有一定抑制作用，缓和其对中枢神经的兴奋作用，被称为“天然的镇静剂”。

（五）蛋白质

蛋白质是构成生物体的基本物质，没有蛋白质，生命现象就不存在。茶叶中的蛋白质含量虽高，占干物质的20% ~ 30%，但只有部分水溶性蛋白质可溶于水，它在茶汤中成胶体状态，对茶汤保持清亮和胶体溶液的稳定性起重要作用；同时对茶汤的滋味、营养价值有一定积极作用。

（六）维生素

维生素是机体维持正常代谢功能所必需的一类物质。茶叶中的维生素含量很丰富，包含人体必需的水溶性和脂溶性维生素十多种，占干物质总量的 0.6% ~ 1%。

其中维生素 C 和维生素 E 与多酚类化合物共同作用，可以缓解和阻断自由基形成稳定物质，抑制脂质过氧化并清除自由基，有延缓衰老、美容的作用；茶叶中的维生素 B1、维生素 B2 和转化而成的维生素 A 能保护人的视神经和视网膜的正常功能，养眼明目；维生素 P 对心血管疾病有一定的预防作用，维生素 P 和维生素 C 协同作用，可促进维生素 C 的吸收，维生素 P 对心血管病也有一定的预防作用；维生素 K 有促进凝血的功效；在一些蔬果短缺地区，通过饮茶来补充体内所需的维生素 C 不仅能够增强免疫力、预防感冒、促进铁的吸收，还可以防癌和预防坏血症。

（七）矿物质元素

茶叶中含有约 30 种人体所必需矿物质元素，包括常量元素，如钠、镁、磷、钾、钙等；以及对人体有重要作用的微量元素，如锌、钒、锰、铁、钴、铜、硒、氟等。钾是调节人体心肌活动的重要元素，缺钾会造成肌肉无力、心律不齐、精神萎靡，茶叶中钾的含量居矿物质元素含量之首，是果蔬、谷类中钾含量的 10 ~ 20 倍，且在茶汤中的溶出率高达 100%，因此，可以通过饮茶适当补充钾。硒和锌是人体普遍含量不足的两种微量元素。硒具有很强的抗氧化作用，能抗癌、抗衰老。常饮富硒茶可以维持人体免疫功能，清除自由基，延缓衰老。茶叶中的硒主要为有机硒，易被人体吸收，在茶汤中的浸出率为 10% ~ 25%。锌是合成蛋白质、DNA 的必要物质，茶叶中的锌含量高于鸡蛋和猪肉中的含量，在茶汤中的浸出率为 35% ~ 50%，易被人体吸收，被列为锌的优质营养源。因此，饮茶被作为是补充人体所需矿物质元素的有效方法。

（八）有机酸

茶中含有很多酸类物质，以有机酸最多，如蛋白质的氨基酸、维生素类的抗坏血酸、草酸、苹果酸等。茶汤呈弱酸性，茶中的有机酸可与生物碱和成盐类，从尿液中排出。吸烟者喝茶有助于降低血液中尼古丁的负作用，茶中的有机酸对杀除真菌有效用。

（九）色素

茶叶中的色素包括脂溶性色素和水溶性色素两部分。脂溶性色素不溶于水，有叶绿素、叶黄素及类胡萝卜素等。茶叶中的叶绿素有杀菌、抑制溃疡的消炎作用，可调理慢性骨髓炎和慢性溃疡及皮肤外伤、烧伤，促进组织再生等。茶叶中的胡萝卜素是组成茶叶香味的色素之一。茶叶中的 β 胡萝卜素能转变为维生素 A，能维持上皮组织正常功能并对视网膜有益。水溶性色素有黄酮类物质、花青素及茶多酚氧化产物茶黄素、茶红素、茶褐素等，具有较强的药用和保健功效。

茶色素的临床试验医学表明，茶色素对治疗脑梗死、老年痴呆症、脂肪肝、冠心病，对抗癌、改善亚健康状态等均有显著疗效。

（十）芳香类物质

茶叶中的芳香物质，是茶叶中易挥发性物质的总称。芳香物质在茶叶中含量很少，一般占干物质的 0.02%，是构成茶叶品质的重要因素之一。茶叶中的香气物质有的是红茶、绿茶、鲜叶共有的；有的是各自具有的；有的是在鲜叶生长过程中合成的；有的则是在茶叶加工过程中形成的。一般而言，茶鲜叶中含有的香气物质种类较少，大约 80 种；绿茶中有 260 余种；红茶则有 400 多种；乌龙茶最高，达到 500 多种。

芳香类物质虽然不是人体必需的营养素，但是茶的芳香不仅能增强茶的品质，还能使人心情愉悦。纯正的茶叶香气，使品饮者嗅觉器官得到享受的同时也让大脑产生愉悦的刺激感受，令人神清气爽，心旷神怡。

任务二　各类茶的保健作用

根据茶叶的加工工艺不同，我国茶叶分为绿茶、白茶、黄茶、青茶（乌龙茶）、红茶、黑茶六大茶类，不同的加工工艺使茶鲜叶中固有的化学成分产生不同的内含物质，从而形成不同品质特征和功效的各类茶。

茶饮与健康生活

一、绿茶的属性与功效

绿茶属于不发酵茶，较多地保留了鲜叶内的天然物质，其中茶多酚和咖啡碱保留鲜叶的 85% 以上，叶绿素保留 50% 左右，维生素损失也较少，从而形成了绿茶“清汤绿叶，滋味收敛性强”的特点。

绿茶中保留的天然物质成分，对抗衰老、防癌、抗癌、杀菌、消炎等均有特殊效果，为其他茶类所不及。绿茶中含有的茶多酚具有抗氧化和生理活性，可以帮助人体清除自由基，抵抗衰老，减少和防止皮肤中黑色素的生成和沉积。还有抗菌抑菌作用，既能起到对病菌的抑制及杀灭作用，又不伤害肠内有益菌的生成。科学研究表明，跟其他典型的抗氧化族群里的水果、饮料比较，绿茶更胜一筹。EGCG 是绿茶中最有效的抗氧化多酚，也是绿茶中儿茶素中含量最高的成分，占茶叶干重的 9% ~ 13%，EGCG 具有抗氧化、抗癌、抗突变等活性。有一个著名的实验结果是，两杯 300 毫升的绿茶，它的抗氧化功效相当于 12 杯白葡萄酒，5 个洋葱，4 个苹果，7 杯橙汁，12 杯啤酒，525 克黑加仑，1 杯半红葡萄酒。

绿茶中含有的茶多酚、儿茶素、黄酮醇类成分可以降低心血管疾病发生概率，有软化血管、防止肥胖、改善血液流量、预防脑卒中和心脏病的作用。绿茶中含有的茶多酚具有抗癌功效，且茶叶中含有的硒是世界公认的具有抗癌防癌功效的物质。以陕西南部紫阳县境内所产的富硒茶硒含量最为丰富。

因绿茶性质寒凉，故女性不宜长期大量饮用。另外，失眠、怀孕及哺乳期妇女、儿童、神经衰弱、肾功能不良、消化道溃疡者也不宜饮用。

二、白茶的属性与功效

白茶属于微发酵茶，有“一年茶、三年药、七年宝”之说。刚制作出来的头年白茶，口感接近绿茶，茶性较寒凉，体寒者忌饮，并且茶味较淡薄。白茶在存放过程中，茶叶内部成分缓慢地发生变化，品饮时香气醇和，滋味渐柔，茶性也由凉转温，具有降火清热、养肝护肝、养心提神、消炎避暑等功效。随着陈放时间的延长，其药用价值越来越高，极具收藏价值。白茶内含物的陈化变得越来越醇厚，多酚类物质不断氧化，转化为更高含量的黄酮、茶氨酸和咖啡碱等成分，滋味香浓，汤色呈琥珀色，红亮透明。防癌、抗癌、防暑、解毒、防过敏的功效更加明显，感冒初期，喝上几杯老白茶，会感觉轻松许多。

白茶中茶多酚的含量较高，它是天然的抗氧化剂，起到提高免疫力和保护心血管的作用。白茶能够有效地美白养颜，茶多酚是水溶性物质，用它洗脸能清除面部的油腻，收敛毛孔，具有消毒、灭菌、抗皮肤老化，减少日光中的紫外线辐射对皮肤的损伤等功效。白茶中还含有人体所必需的活性酶，可以促进脂肪分解，有效控制胰岛素分泌量，分解体内血液中多余的糖分，促进血糖平衡。白茶还可以瘦身，主要源于其茶叶里的咖啡碱和茶碱，可以有效减少脂肪的堆积，从而起到瘦身的效果。白茶中含有多种氨基酸，具有退热、祛暑、解毒的功效。白茶的杀菌效果好。多喝白茶有助于口气的清洁与健康。白茶是最原始、最自然、最健康的茶类珍品。中医药理证明，白茶也有清凉，消热降火，消暑解毒，还有三抗（抗辐射、抗氧化、抗肿瘤）、三降（降血压、降血脂、降血糖）之保健功效，同时还有养心、养肝、养目、养神、养气、养颜的养身功效。

白茶适合每天经常使用电脑的上班族饮用，可抗辐射和增强免疫力；另外燥热上火、免疫力低者也适宜饮用。但肾虚、体弱者、孕妇、心脏病人、神经衰弱者、贫血者不宜饮用。

三、黄茶的属性与功效

黄茶是我国的特有茶类之一，属于轻发酵茶，是人们从炒青绿茶中发现，由于杀青、揉捻后干燥不足或不及时，叶色变黄而产生的新品类。

黄茶鲜叶中保留天然物质 85% 以上，这些物质对防癌、抗癌、杀菌、消炎均有特殊效果。黄茶中富含茶多酚、氨基酸、维生素等丰富营养物质，对防治食道癌有明显功效。

黄茶属凉性茶，虚寒体质者不宜饮用。适合缺乏食欲、消化不良、免疫力低下者及长期从事电脑工作者饮用。

四、青茶的属性与功效

青茶俗称乌龙茶，是我国特有的茶类，属于部分发酵茶，兼具绿茶的清香和红茶的甜醇。

乌龙茶的药理作用突出表现在分解脂肪、减肥健美等方面。在日本被称为“美容茶”“健美茶”，深受年轻人的喜爱。研究表明，乌龙茶可以促进新陈代谢和燃烧脂肪，并改善膳食脂肪吸收。它包含燃烧卡路里的儿茶素多酚物质，结合运动和均衡饮食，可以有效促进减肥。乌龙茶还能提高 SOD 酶活性，具有呵护肌肤，抗氧化、延缓衰老的作用。乌龙茶中含有大量的茶多酚，可以提高脂肪分解酶的作用，降低血液中的胆固醇含量，有防癌作用。喝乌龙茶还有助于降血压。每天喝一杯茶的人比其他人降低血压的机会多 45%，如果是喝两杯，可以提高到 65%。除了降血压外，乌龙茶还能降血脂。有研究发现，每日上下午两次饮用乌龙茶，连续 24 周后，病人血液中胆固醇含量有不同程度下降，这说明乌龙茶有防止和减轻主动脉粥样硬化的作用，能显著抑制血胆固醇及中性脂肪的增加。

有失眠、过敏症状者，孕妇、老人、虚寒体质、神经衰弱者，空腹状态及正在服用镇静剂、人参等补药者不宜饮用乌龙茶。

五、红茶的属性与功效

红茶属于全发酵茶，性质温和，是当今世界上消费的主要茶类。红茶可以帮助胃肠消化、促进食欲，可利尿、消除水肿，并有强壮心脏功能。美国心脏学会曾经得出红茶是“富含能消除自由基，具有抗酸化作用的黄酮类化合物的饮料之一，能够使心肌梗死的发病率降低”的结论。红茶在加工过程中因促氧化等化学反应，茶多酚减少九成以上，产生了茶黄素、茶红素和茶褐素，茶多酚及其氧化物与蛋白质结合沉淀，苦涩转为甜醇。红茶中的茶黄素含量很高，抗氧化性很强，有抗癌、抗心血管病的作用。红茶还具有消炎杀菌、解毒、强壮骨骼、养胃护胃、抗癌、舒张血管、消除疲劳的功效。此外，红茶的香气能使神经松弛，具有缓和紧张情绪的作用。红茶中的茶多酚在氧化后对胃的刺激性减小。经常饮用加糖、加牛奶的红茶还能起到消炎、保护胃黏膜，对治疗溃疡有一定效果。因此，红茶具有养胃护胃的功效。

红茶适合饭前、空腹及日常饮用，尤其适合在寒冷的冬季饮用，但上火者慎饮。孕妇、虚寒体质、失眠、神经衰弱者都不宜过多饮用。

六、黑茶的属性与功效

黑茶属于后发酵茶，曾经是少数民族的生命之饮。由于原料粗老，制作过程中堆积发酵时间较长，叶片多呈黑褐色，因此被称为“黑茶”。过去以边销为主，少量内销，因此又称为“边销茶”。黑茶按地域分布，主要分类为湖北黑茶、湖南黑茶、四川黑茶、广西六堡茶和云南黑茶（普洱茶）。其中云南普洱茶古今中外久负盛名。

现代医学研究显示，黑茶有暖胃、减肥、降脂、防止动脉硬化、防止冠心病、降血压、抗衰老、抗癌、降血糖、抑菌消炎、减轻烟毒、减轻重金属毒、抗辐射、防龋齿、明目、助消化、抗毒、预防便秘等 20 多项功效，而其中暖胃、减肥、降脂、防止动脉硬化、防止冠心病、降血压、降血糖、抗衰老、抗癌的功效尤为突出。

研究表明，黑茶中的生物碱和类黄酮等物质可使血管壁松弛、血管舒张，从而使血压下降。茶叶中的茶多糖对降血糖有明显效果，其作用类似胰岛素，因此对人体有较好的调节血脂等保健功效。黑茶的有效成分在抑制人体肠胃中有害微生物生长的同时，也能促进有益菌（如乳酸菌）的生长繁殖，增强肠胃功能，对于久坐办公室的人有较明显的调整肠胃功能的作用。但失眠者、孕妇、老人、过敏、神经衰弱，虚寒体质者不宜饮用。

任务三　健康饮茶方式

一、四季饮茶之道

自古以来，中国人对喝茶很讲究，在饮茶中对时间、浓淡、冷热、新陈的程度以及不同体质、不同习惯的人如何饮茶等都有要求。中国医学认为，人们春、夏、秋、冬四季饮茶，要根据茶叶的性能功效，随季节变化选择不同的品种为宜，以益于健康。

春季适合饮用花茶，夏季适合饮绿茶、黄茶、新白茶，秋季适合饮青茶，冬季适合饮红茶、老白茶、普洱茶，花茶除了在春季饮用外，一年四季都可饮用。

（一）春季饮茶

春天万物复苏，人体和大自然一样，处于舒发之际。此时宜喝茉莉、桂花、玫瑰等花茶，这类茶香气浓郁，香而不浮，爽而不浊，可帮助散发冬天积聚在体内的寒邪，同时浓郁的茶香还能促进人体阳气生发，令人神清气爽，消除春困。

花茶是以绿茶、红茶、乌龙茶茶坯及符合食用需求、能够吐香的鲜花为原料，采用窨制工艺制作而成的茶叶。花茶集茶味与花香于一体，茶引花香，花增茶味，相得益彰，既有茶叶的营养成分，保持了浓郁爽口的茶味，又有鲜灵芬芳的花香，花可美容养颜，尤其适合饭前饮用，可以增加食欲，具有良好的药理作用，有益人体健康。除了在春季饮用外，也适合一年四季饮用。

（二）夏季饮茶

夏日炎热，骄阳似火，人体内津液消耗大。此时既可以饮用龙井、毛峰、碧螺春等绿茶，还宜饮蒙顶黄芽、君山银针等黄茶。这类茶滋味鲜爽、略苦，可清暑解热，去火降燥，止渴生津，富含维生素、氨基酸、矿物质等营养成分。因此，常饮绿茶、黄茶既有消暑解热之功，又具有增添营养之效。

此外，还可以饮用新白茶。新白茶一般是指当年的明前春茶，茶叶呈褐绿色或灰绿色，且满布白毫。新白茶茶性寒凉，毫香明显，滋味鲜爽，口感较为清淡，而且有茶青味，清新宜人，适合春夏季品饮。白茶不仅杀菌效果好，多喝白茶有助于口气的清洁与健康。白茶还含有多种氨基酸，具有退热、祛暑、解毒的功效。

（三）秋季饮茶

秋天天气干燥，常使人口干舌燥，中医称为“秋燥”。此时宜喝铁观音、水仙、铁罗汉、大红袍等青茶。这类茶汤色金黄，外形肥壮均匀，紧结卷曲，色泽绿润，内质馥郁，其味爽口回甘。青茶介于红茶、绿茶之间，既有绿茶的清香和天然花香，又有红茶醇厚的滋味，常饮能润肤、益肺、生津、润喉，有效清除体内积热，让机体适应自然环境变化的作用。

（四）冬季饮茶

冬天气温骤降，寒气逼人，人体生理机能减退，阳气渐弱，对能量与营养要求较高。养生之道，贵于御寒保暖，提高抗病能力，此时宜喝祁红、滇红、闽红、湖红、川红等红茶和普洱、六堡等黑茶以及有年份的老白茶。红茶性质温和，可养人体阳气，含有丰富的蛋白质，可补益身体，善蓄阳气，增强人体的抗寒能力。此外，冬季人们的食欲增强，进食油腻食品增多，饮用红茶还可去油腻、开胃口、助养生，使人体更好地顺应自然环境的变化。因此冬天喝茶以红茶为上品。除了红茶以外，像一些有年份的熟普洱、老六堡茶、老白茶等也适合在冬季饮用。

喝茶除了根据季节选择不同的茶叶外，还可根据自身的体质、身体状况、喜好等因素来选择。每个人的体质也会因年龄、性别、地域而有变化。茶中的各种成分因人体生理的不同，作用也不同。什么体质的人喝什么茶。一般来说，绿茶具有冷却力，对于畏寒的人是不适合的，畏寒的人应该喝乌龙茶或红茶，低血压的人适合饮用完全发酵的红茶，以保持身体温暖。心情郁闷或稍有感冒的时候，可以把陈皮跟茶叶一起冲泡，或饮用香味强烈的花茶、红茶。吃了太多油腻的肉类，可饮用绿茶、乌龙茶或普洱茶。夜间工作的人能影响精神和感觉机能，使头脑思维活动更快、感觉更敏锐；疲劳的人饮茶，因茶中黄嘌呤类能刺激神经和增加肌肉的收缩力，有活动肌肉的功效，可促进新陈代谢、消除疲劳。

二、茶与二十四节气

二十四节气是我国的非物质文化遗产，节气之于国人，既是生存方式，也是一种生活方式，每个节气代表着气候的变化，是茶农生产和耕耘的指南，与饮茶健康密切相关。一杯时令茶，让我们的身体跟上自然变幻的节拍。下面打开健康饮茶的密码，看看二十四节气宜喝的节气茶吧。

（一）立春 宜饮：茉莉花茶

立春，春季之始，春意开始萌动，此时天地阳气生发，与肝相应，人易暴怒、易感忧郁，而一杯暖暖的茉莉花茶，可安定情绪，舒缓神经。

茉莉花辛温，顺应天地自然之气，是最适合春季品饮的茶类之一。春天容易肝气郁结，适量品饮茉莉花茶，浓郁的花香开窍，既能祛除冬天沉积在体内的寒气，又能促进阳气适当生发，让人神清气爽。

（二）雨水 宜饮：小青柑

东风解冻散而为雨，此时气温回升，降水增多，故名雨水。多雨的初春，乍暖还寒，寒湿之邪最易困着脾脏，小青柑健脾行气，最是适宜。

小青柑性微温，味苦辛，入肝、胆经，其营养成分较多，其中以挥发油最多，内置普洱熟茶，二者结合功效更佳。长期饮用可以改善慢性咽炎，还能降脂减肥、美容养颜、健胃健脾等作用。

（三）惊蛰 宜饮：白牡丹

天气回暖，春雷始鸣，惊醒蛰居的动物，故名惊蛰。惊蛰时节阳气升发，气温明显升高。因暖生燥，惊蛰时节应保持心平气和，忌妄动肝火，白牡丹清肝明目、镇定降压。

白牡丹，茶名如花名，因外形绿叶加银色白毫，宛如蓓蕾初放，形状像花儿，故得此美名。白牡丹汤色杏黄、香气浓郁、回味甘甜。

（四）春分 宜饮：陈年生普

春分者，阴阳相半也，故昼夜均而寒暑平。依据道法自然的养生传统，人在此时需保持阴阳平衡，宜饮陈年生普。

有年份的普洱生茶，经历时间沉淀，茶性自然转化，外形色泽会不断变化，一般呈青棕、棕褐色，汤色由黄变红，滋味醇厚，变得更加温和，具有回甘、生津的特点。

（五）清明 宜饮：白毫银针

此时万物生长，皆清洁而明净，故谓之清明。清明时节，适应性味清凉的饮食，以便柔肝养肺，增强体质。一杯白毫银针，味温性凉，有健胃提神之效，祛湿退热之功，最是应时佳品。

白毫银针是白茶中的极品，原料为白茶的芽头，其芽头肥壮，满披白毫，挺直如针。白毫银针汤色浅杏黄，清甜鲜爽，毫香显著，同其他白茶一样，有退热、降火解毒的功效。

（六）谷雨 宜饮：西湖龙井

谷雨，源自古人“雨生百谷”之说，意味着寒潮天气基本结束，气温回升加快，一杯时令的西湖龙井，有丰富的氨基酸、维生素等营养物质，提升体质。

西湖龙井茶素有“色绿、香郁、味醇、形美”四绝之美誉。西湖龙井干茶色泽嫩绿光润，外形扁平光滑，形似“碗钉”，汤色嫩绿明亮，香气浓郁，有“豆香”味，滋味鲜爽甘醇。饮上一杯，感受春天的味道。

（七）立夏 宜饮：黄山毛峰

立夏，夏季的开始，此时百般红紫，万物繁茂。中医认为，暑易入心，宜饮黄山毛峰。

黄山毛峰主产于安徽省黄山风景区，这里气候湿润，日照时间短，一年有近 300 天雾气弥漫，茶树就生长在这种仙气缭绕，幽兰丛生的仙境中，滋养了黄山毛峰的“清香冷韵”的气质。黄山毛峰香气嫩香馥郁，滋味甘甜，强心养神，来自山野的新鲜气息，能让人保持神清气和，心情愉快。

（八）小满 宜饮：太平猴魁

小满，夏熟谷物籽粒开始饱满。时至于此，降雨增多变大，要避免过量进食生冷食物，喝上一大杯太平猴魁，雨季里添一份快慰。

太平猴魁因其外形扁平挺直，自然舒展，两叶抱一芽，故有“猴魁两头尖，不散不翘不卷边”之誉。冲泡后，茶汤嫩绿，清澈明亮，芽叶成朵，不沉不浮，竖立在明澈嫩绿的茶汤之中，兰花香高爽持久，幽香扑鼻，滋味鲜醇、回味甘甜，似幽兰的暗香留于唇齿间，有独特的“猴韵”。

（九）芒种 宜饮：洞庭碧螺春

芒种是收种带“芒”植物的季节，麦子熟了，而稻田则到了播种时节。仲夏五月，湿气开始蒸腾而闷热，故而饮食应清淡，悠然泡一杯洞庭碧螺春，清淡适宜，调养精神。

洞庭碧螺春以“形美、色艳、香高、味醇”驰名中外。人们用“入山无处不飞翠，碧螺春香千里醉”来形容它的香高持久。洞庭碧螺春卷曲成螺，银绿隐翠，满披茸毛，花香浓郁，高而持久，滋味鲜爽。

（十）夏至 宜饮：安化天尖

夏至，夏为大，至为极，万物到此时壮大繁茂到极点、阳气也达到极致，所以是一年中夜最短、昼最长的一天。夏至时节应多食苦味食物，宜清补。安化天尖，甘润醇厚，生津不断。

天尖、贡尖、生尖在安化历史上被称为“三尖”茶，是安化黑茶的上品。其中安化天尖茶采用谷雨时节鲜叶加工而成，古代为皇室贡茶，深受西北地区贵族推崇和喜爱。安化天尖口感清爽鲜活，滋味醇厚，有独特的松烟香，具有存放越久越醇香的特性，有消食、消脂、调节生理代谢等功效，长期饮用效果更佳。

（十一）小暑 宜饮：普洱花茶

小暑，意指天气开始炎热，但还没到最热。小暑是人体阳气最旺盛的时候，需劳逸结合，保护阳气，大碗冲上一杯普洱花茶，散风去热。

在普洱茶中添加菊花、玫瑰花、茉莉、桂花、薰衣草等花茶，共同冲泡。效果是在普洱的陈香之上，弥散花草的芬芳，使得普洱花茶既醇厚又飘逸，在养生的同时，更增休闲温馨的气氛。小暑日可以选择普洱茶和贡菊一起冲泡，口感清爽。菊花清热解毒，普洱茶性温和，两者同时饮用，性能调和功效倍增。

（十二）大暑 宜饮：蒙顶黄芽

大暑，极热之大者，标志着一年中最热的时节到来。高温酷热，需补脾健胃，蒙顶黄芽，富含茶多酚、氨基酸等，对脾胃最有好处。

蒙顶黄芽采用明前全芽头制作，每 500 克干茶需要 4 万 ~ 5 万个芽头，采用传统炒闷结合工艺，使其在发酵过程中多糖类物质增加，形成独特的甜香味。蒙顶黄芽滋味鲜爽甘醇，甜香浓郁，汤色黄亮，素有“仙茶”美誉。

（十三）立秋 宜饮：恩施玉露

立秋，暑去凉来，秋季由此而始，却仍有“秋老虎”的酷热余威。立秋时节气候干燥，适宜品饮恩施玉露，茶味鲜爽，生津润燥。

图 7.1　立秋茶饮

恩施玉露是我国为数不多的蒸青绿茶，成茶条索紧细光滑、挺直带毫，色泽鲜绿油润，经沸水冲泡，芽叶如松针在杯中悬浮，香气清鲜，滋味鲜爽醇和，汤色碧绿清澈。

（十四）处暑 宜饮：祁门红茶

处，去也，暑气至此而止矣。处暑时节，新秋已觉凉生。但夏秋之交气候变化大，适宜来泡祁门红茶，解疲乏，滋阴润燥。

祁门红茶干茶条索紧秀而稍弯曲，有锋苗，色泽乌黑泛灰光，俗称“宝光”。冲泡后汤色红艳明亮，滋味醇厚，有蜜糖香，蕴含兰花香，香气浓郁，高长持久，被称为“祁门香”，是唯一以地域名命名香气类型的红茶。在国际市场上与印度大吉岭、斯里兰卡乌伐红茶并称为世界三大高香名茶。

（十五）白露 宜饮：桂花乌龙

白露者，阴气渐重，露凝而白。白露时节昼夜温差加大，天气变化较多，需防秋燥，滋阴益气，宜饮桂花乌龙。

桂花乌龙是以乌龙茶拌合新鲜桂花窨制而成，主销我国港澳、东南亚和西欧。品饮时，不仅具有乌龙茶之甘润，更富有桂花的芬芳，饮后齿颊生津，回味无穷。有温补阳气，止咳化痰，养阴润肺的功效。

（十六）秋分 宜饮：漳平水仙

秋分，等分了昼夜，平分了秋季，由这一天起，气温逐日下降，养生讲究阴平阳秘，收敛闭藏，宜饮漳平水仙。

漳平水仙茶性温和，有天然花香，滋味醇爽细润，耐冲泡，有回甘。除醒脑提神外，还有健脾养胃、消食降脂、排毒养颜、防癌抗衰、降“三高”、防辐射等功效。

（十七）寒露 宜饮：铁观音

寒露，露气寒冷，将凝结也。此时气温更低，应注意润肺生津、健脾益胃，铁观音发酵适度，生津回甘，确实适宜。

安溪铁观音汤色金黄似琥珀，香高而持久，有天然馥郁的兰花香、果香，滋味醇厚甘鲜，俗称有“音韵”。品饮铁观音能生津解渴，提神醒脑，饮后有口鼻生香之感。

（十八）霜降 宜饮：凤凰单丛

霜降，露凝结而为霜，时至晚秋，天气寒冷干燥，需防秋燥秋郁，宜饮凤凰单丛。

凤凰单丛是青茶中的高香茶，被称为“茶叶中的香水”。其香气细腻持久，有独特的天然花香，滋味醇爽甘醇，耐冲泡，茶汤金黄明亮，山韵味独特。

（十九）立冬 宜饮：武夷岩茶（代表大红袍、铁罗汉等）

冬季自此开始，气温下降，宜滋阴潜阳、少食生冷，发酵度适中的武夷岩茶，给人舒适的温暖。

大红袍被誉为“茶中状元”，其最突出之处是滋味醇厚，香气馥郁，有兰花香、肉桂香等，香高而持久，“岩韵”明显。大红袍很耐冲泡，冲泡七八次仍有香味，有“岩骨花香”之誉。

（二十）小雪 宜饮：滇红

大地尚未过于寒冷，虽开始降雪，但雪量不大，故称小雪。小雪时节，适宜热情的滇红，花蜜香浓郁，滋味甜醇，助温补益肾。

滇红属大叶种类型的工夫茶，色泽乌润带红褐，茸毫特多，金毫显露是滇红工夫最为显著的特点之一。滇红滋味醇厚，香气高纯持久，茶汤与茶杯接触处常显金圈，冷却后立即出现凝乳状的冷后浑现象。

（二十一）大雪 宜饮：台湾高山茶（代表冻顶乌龙茶、东方美人茶等）

大雪，至此而雪盛也，意味着严冬已至，天地飞雪，鸟雀难相觅，一杯暖和舒适的台湾冻顶乌龙，焙火的韵味与微蜜乳香恰到好处。

冻顶乌龙茶汤清爽怡人，汤色蜜绿带金黄，茶香清新典雅，香气清雅，有“清韵”，有明显的清香或花香。传统冻顶乌龙茶带明显焙火味，也有轻焙火制茶。在台湾高山乌龙茶最负盛名，被誉为“茶中圣品”。

（二十二）冬至 宜饮：普洱熟茶

冬至开始进入一年中最寒冷的日子，最宜温补，熟普的茶性温厚，正是时令佳品。

熟普洱茶，也称人工发酵普洱茶或现代工艺普洱茶。其茶性温和，茶水丝滑柔顺，醇香浓郁，并且会随着陈化的时间而变得越来越柔顺、浓郁。其中宫廷普洱是熟普等级中级别最高的一种。由于选料级别高，和相同其他级别茶相比，香气会高，口感细腻，但耐泡度要差些。

（二十三）小寒 宜饮：广西六堡茶

古人认为冷气积久为寒，寒冷程度未至极点，故称小寒。天寒地冻，雪花纷纷，宜安坐室内，泡一壶老六堡茶，红浓陈醇，温和驱寒，补益身体。

广西六堡茶属温性茶，除了具有其他茶类所共有的保健作用外，更具有消暑祛湿、明目清心、帮助消化的功效。六堡茶具有更强的分解油腻、降低人体类脂肪化合物、胆固醇、三酸甘油酯（甘油三酯）的功效，长期饮用可以健胃养神、减肥健身。

（二十四）大寒 宜饮：康砖

大寒，顾名思义，是天气寒冷到极点的意思。大寒时节，生机潜伏，万物蛰藏，在最寒冷的日子里，屋里围炉，煮壶康砖茶，滋味醇厚，祛湿御寒。

康砖茶为历史名茶，创制于清乾隆年间，是经蒸压而成的砖形茶。康砖茶主要产于雅安，雅安是清朝时西康省的省会，故取了西康的“康”字，而茶叶形状像砖，故得名康砖茶。康砖外形色泽棕褐，香气纯正，滋味醇和，汤色红浓。康砖茶中含有丰富的多酚类化合物和维生素等营养成分，不仅有助于消化，还有降压降血脂、提高人体免疫力，改善睡眠等功效。

春生、夏长、秋收、冬藏，四个季节，二十四个节气，蕴含着中国人对生命和自然的尊重与敬畏。二十四个节气不仅有应时应令的食物，也有适宜品饮的茶品。喝茶要顺应自然，喝好茶，喝淡茶，喝对茶，方能有益于身心。

三、饮茶禁忌

茶虽是一种健康饮品，但与其他饮料一样，也需品饮适度。饮茶过量、过浓或饮茶不得法，容易有损人体健康。因此饮茶时需要有所禁忌。

（一）忌空腹饮茶

空腹饮茶会使人引起一些不适症状，尤其是发酵度低的绿茶、黄茶等。空腹饮茶时，茶叶中的多酚类化合物等会与胃中的蛋白结合，会刺激肠胃，冲淡消化液，使人缺乏食欲，消化不良。同时，茶中的咖啡碱等生物碱，在空腹饮茶时容易被过量吸收，会出现心慌、头晕、手脚无力等“茶醉”现象。

（二）忌饮浓茶、过量饮茶

饮茶有益健康，但也需有度。通常浓茶中的茶多酚、咖啡碱含量较高，刺激性较强，会使人体的新陈代谢功能失调，甚至引起头痛、恶心、失眠、烦躁等不良症状。饮浓茶不仅会促进骨质疏松，造成骨钙流失，长期饮用浓茶还容易引起贫血症。有研究表明，茶叶中的鞣酸会与三价铁形成不溶性沉淀，从而影响铁的吸收。

饮茶不宜过浓过多，一般来说每天饮茶不超过 30 克为宜。大量饮浓茶不仅会造成多种营养素流失，引起营养失衡，还会增加尿量，引起钾、镁、维生素等重要营养素的流失。年纪大的人过量饮茶还会增加心脏负荷，不利于身体健康。

（三）忌饭前大量饮茶、饭后立即饮茶

由于个人生活习惯不同，并不需要固定饮茶时间，但饮茶还是要适时。一般来说，饭前饭后都不宜饮茶。这是因为饭前大量饮茶，一是冲淡唾液，二是影响胃液分泌。这样，会使人饮食时感到无味，而且使食物的消化与吸收也受到影响。饭后也不宜立即饮茶，因为茶叶中鞣酸会与食物中的铁质、蛋白质等发生凝固作用，从而影响人体对铁质和蛋白质的吸收。如果长期饭前、饭后饮浓茶，就会造成消化不良、便秘、贫血等不良后果。因此，应尽量避免餐饮时饮茶，可以饭前饭后一小时左右饮茶，这样对铁元素的吸收影响不会太大。另外，茶叶中的咖啡碱、茶多酚能够让神经中枢兴奋，尤其是新采摘的绿茶，敏感或者睡眠不好的人饮用后容易失眠，睡前最好也不要饮茶。

（四）忌饮冲泡次数过多、冲泡时间过久的茶

不同茶类冲泡次数不同，应根据不同茶类的特点选择冲泡次数。例如绿茶一般冲泡三次，一杯茶经三次冲泡后，90% 以上可溶于水的营养成分和药效物质已被浸出，第四次冲泡时，基本上已无什么可利用的物质了。如果继续冲泡，茶叶中的一些微量有害元素就会被浸泡出来，不利于身体健康。

同时，冲泡时间过久的茶会使茶叶中的茶多酚、芳香物质、维生素、蛋白质等氧化，使其变质变性，直到成为有害物质，而且茶汤中还会滋生细菌，使人致病。因此，茶叶以现泡现饮为上。

（五）忌茶水服药、浓茶解酒

茶水解毒，也能解药。茶叶中的很多成分都具有药理功效，如多酚类成分会与三价铁离子发生络合反应，影响人体对铁的吸收；还会与钙剂类、铝剂类等药物结合，

影响药性，刺激肠胃，引起胃肠绞痛、腹泻或便秘等，因此服用药物时，不宜用茶水送服。

过量饮酒者也不宜大量饮浓茶。浓茶中咖啡碱含量高，会使心动过速，增加心脏负担。通常饮用淡茶可以补充人体水分，茶叶中的茶多酚可清除酒精代谢过程中产生的过量自由基，有利于酒精代谢。有科学实验表明，饱腹饮茶是可以解酒的，而空腹则无效，还会加剧酒精对人体的损害。

（六）特殊饮茶人群

1. 冠心病患者需酌情用茶

冠心病患者能否饮茶，须视患者病情而定。冠心病有心动过速和心动过缓之分。茶叶中的生物碱，尤其是咖啡碱和茶碱，都有兴奋作用，能增强心肌的机能。因此，对心动过速的冠心病患者来说，宜少饮茶，饮淡茶，甚至不饮茶，以免因多喝茶或喝浓茶促使心动过速；而心动过缓的冠心病患者可适当多饮茶，可以提高心率，有配合药物治疗的作用。

2. 神经衰弱患者要节制饮茶

对神经衰弱患者来说，一要做到不饮浓茶，二要做到不在临睡前饮茶。这是因为患神经衰弱的人，其主要病症是晚上失眠，茶叶中含量较高的咖啡碱可兴奋中枢神经，使精神处于兴奋状态，会影响睡眠。

3. 脾胃虚寒者饮茶要慎重

脾胃虚寒者不宜饮茶过量或饮浓茶，尤其是性质寒凉的绿茶，因为绿茶中含有较多的茶多酚，会刺激肠胃，影响胃液分泌，容易引起胃肠道的病理变化，出现缺乏食欲、胃痛、胃酸等现象，甚至形成溃疡。因此，脾胃虚寒者应尽量选择性质温和的红茶、普洱茶等，以减少对脾胃的刺激作用。

4. 贫血患者要谨慎饮茶

贫血患者能否饮茶，不能一概而论。如果是缺铁性贫血，最好不饮茶。这是因为茶叶中的茶多酚容易与食物中的铁发生化合反应，不利于人体对铁的吸收，从而加重病情。所以，贫血患者以少饮茶为宜，尤其不要饮茶过量、过浓。

5. 特殊时期女性饮茶

对于女性来说，有些特殊时期是不宜饮茶的。

行经期：女性在经期应多吃含铁丰富的食物，茶中的多酚类物质对铁离子会产生络合反应，经期饮茶影响人体对铁的吸收，容易产生痛经、经期延长或经血过多的现象，导致缺铁性贫血。

怀孕期：茶中的咖啡碱对神经系统和心血管系统有一定的刺激作用，孕期饮茶不仅会导致缺铁性贫血，还会加剧孕妇的心跳速度，增加心肾负担，增加排尿，诱发妊娠中毒，不利于母体和胎儿的健康。

哺乳期：茶中的鞣酸不仅能抑制肠液的分泌，还会抑制乳腺分泌，造成乳汁分泌不足。咖啡碱的兴奋作用会使母亲睡眠不足，通过人乳进入婴儿体内，易使婴儿发生肠痉挛，影响婴儿健康。

更年期：女性进入更年期，容易出现头晕、乏力、心动过速、情绪不稳、睡眠不足或失眠、月经功能紊乱等症状。长期饮茶可能加重这些症状，不利于顺利度过更年期。

总之，饮茶要适时、适量。泡茶的方法要正确，茶有绿茶、白茶、黄茶、青茶、红茶、黑茶等，饮茶要饮用多类茶，不要长期饮用一类茶，适宜的饮茶才能保健，有益身心。为了健康，饮茶时应遵循“清淡为宜，适量为佳，随泡随饮，饭后少饮，睡前不饮”的原则，尤其是体瘦者、特殊时期的女性、老年人、儿童、酒后、渴时以及饭前饭后宜饮淡茶。

▶ 拓展阅读

茶水妙用

茶多酚的开发和利用

本章小结

茶是古老而健康的饮品，在中国，很多历代古籍中都记载着茶的药用功能，茶之所以能被广泛接受正是源于茶与人体健康的密切关系。本章主要介绍了茶叶的营养作用和药用成分，各类茶的保健作用以及健康饮茶方式。通过了解茶的保健功效，不仅使茶成为人们养心益思的健康饮品，还能陶冶情操、丰富生活，更好地弘扬中国传统茶文化。

实训任务

实践题目：饮茶与养生

实践目的：通过学习茶健康相关知识，了解不同季节、不同体质的饮茶建议，掌握科学合理的饮茶方法。

实践方法：

1.介绍不同季节的气候特点及对人体的影响，以小组为单位进行讨论、交流和分享，提出各季节适宜的茶饮选择。

2.根据中医体质理论，引导学生辨识自身体质，以小组为单位进行讨论、交流和分享，并给出相应的饮茶建议。

思考与练习

一、选择题

1.茶叶中的（　　）具有降血脂、降血糖、降血压的药理作用。

A.氨基酸　　B.茶多糖　　C.叶绿素　　D.氟化物

2.茶叶中的氨基酸主要是（　　）。

A.谷氨酸　　B.精氨酸　　C.茶氨酸　　D.天冬氨酸

3.下面哪个不是咖啡碱的作用（　　）。

A.提神醒脑　　B.利尿作用　　C.强心作用　　D.镇静作用

二、判断题

1.饮茶被作为是补充人体所需微量元素的有效方法。（　　）

2.茶多酚含量高低影响茶叶的香气和鲜爽度。（　　）

三、思考题

1.茶叶中主要有哪些药用成分？

2.茶叶的营养作用有哪些？不同茶类的保健作用有哪些特点？

参考答案

项目八

风雅相伴好光景
——茶文化与旅游

思维导图

项目八 风雅相伴好光景——茶文化与旅游

- 任务一　中国茶文化旅游的产生与发展
- 任务二　当代茶文化旅游的发展模式与典型案例
- 任务三　茶旅融合发展新趋势

学习目标

知识目标

- 了解茶文化旅游的概念发展历程
- 掌握茶文化旅游的发展模式

能力目标

- 组织与实施茶文化旅游活动的能力
- 茶文化旅游规划开发能力

素质目标

- 强化品德，提升综合素养
- 培养跨学科思维能力，将茶文化、旅游学、市场营销等多学科知识融会贯通

茶文化旅游是一种新兴的旅游形式，它将茶文化的精髓与旅游的乐趣相结合，为游客提供了一个全新的视角来认识和体验中国的传统文化。在茶文化旅游中，游客可以亲身感受到茶文化的深厚底蕴，从茶的种植、采摘、制作到品饮，每一个环节都蕴含着丰富的文化内涵和历史故事。

任务一　中国茶文化旅游的产生与发展

一、茶文化旅游的概念

茶文化旅游是指以茶和茶文化为主题，以达到积极的休息和娱乐，获取知识和体验人生价值等为目的，而开展的形式多样、内容丰富的系列旅游活动。

茶文化旅游是一种特殊类型的文化旅游，它结合了茶文化的深厚底蕴和旅游的休闲体验，旨在让游客在欣赏自然风光、体验地方特色的同时，深入了解和感受中国悠久的茶文化。这种旅游形式通常包括访问茶园、茶厂，参与茶叶采摘、制作过程，参观茶博物馆或茶文化中心，了解茶叶历史和文化，品尝各种名茶，以及参与茶艺表演和茶道体验等活动。通过这些互动体验，游客不仅能够增长知识，还能在宁静的环境中放松身心。

图 8.1 茶园旅游图

茶文化旅游还包括对茶文化历史的追溯。通过参观茶博物馆，游客可以了解中国茶文化的起源和发展，以及茶在中国社会生活中的重要地位。茶道表演和茶艺教学则让游客有机会亲自体验泡茶的艺术，学习如何通过正确的泡茶技巧来品味茶的香韵。此外，茶文化旅游还强调与当地社区的互动。游客可以参与到当地的茶文化活动中，如茶会、茶歌比赛等，与当地人一起分享茶的乐趣，感受茶文化的魅力。这种互动不仅增进了游客对当地文化的了解，也为当地社区带来了经济效益，促进了文化的交流与传播。

茶文化旅游是一种集文化体验、历史教育、休闲娱乐于一体的旅游形式，它让游客在享受自然美景的同时，深刻体验到中国茶文化的博大精深。随着人们对高品质生活的追求和对文化旅游的兴趣日益增长，茶文化旅游有望成为未来旅游业的重要发展方向，为推动文化旅游的创新发展做出更大的贡献。

二、茶文化旅游的产生

中国是茶的故乡，茶文化有着几千年的历史。自古以来，茶就在中国人的日常生活中占据着重要的位置。随着时间的推移，茶逐渐从一种简单的饮品发展成为一种文化现象，形成了丰富的茶文化体系。这一体系包括了茶的种植、采摘、制作、品饮以及与茶相关的礼仪、艺术和哲学思想。进入现代社会，随着经济的发展和人民生活水平的提高，人们对精神文化生活的需求日益增长。旅游成为人们休闲度假的重要方式之一，而对于有独特文化底蕴的目的地，人们更是充满了浓厚的兴趣。中国的茶文化，作为中华文明的重要组成部分，其深厚的历史底蕴和独特的文化魅力，自然成为吸引国内外游客的重要资源。

茶文化旅游的产生，还得益于旅游业的不断创新和发展。为了满足市场的多样化需求，旅游从业者开始探索将茶文化与旅游产品相结合的新模式。他们开发了一系列以茶为主题的旅游项目，如茶园观光、茶博物馆参观、茶艺表演、茶道体验等，这些项目不仅丰富了旅游内容，也为游客提供了深入了解和体验茶文化的机会。

此外，政府的政策支持也为茶文化旅游的发展提供了有利条件。各级政府纷纷出台政策，鼓励和支持茶文化旅游的发展，通过资金扶持、品牌建设、市场推广等手段，推动茶文化旅游资源的整合和优化，提升茶文化旅游的知名度和影响力。

三、茶文化旅游的发展历程

茶文化旅游的发展历程可以追溯到20世纪80年代，随着中国改革开放政策的实施，国内旅游业开始迅速发展。在这个过程中，地方政府和旅游企业开始意识到茶文化资源的独特价值，并尝试将其作为一种旅游产品来开发。

（一）起步阶段（20世纪80—90年代）

在这一时期，茶文化旅游主要以参观茶园、体验采茶和制茶过程为主，游客数量有限，多为对茶文化感兴趣的小众群体。一些具有代表性的茶区，如福建武夷山、浙江龙井等地，开始尝试开展茶文化旅游活动，但整体规模较小，缺乏系统的规划和专业的管理。

（二）发展阶段（21世纪初—21世纪10年代）

进入21世纪，随着中国中产阶级的壮大和消费者对高品质生活的追求，茶文化旅游开始受到广泛关注。政府出台了一系列政策措施，支持茶文化旅游的发展，如设立专项基金、建设茶文化旅游示范区等。

茶文化旅游产品逐渐丰富，除了传统的观光体验外，还加入了茶艺表演、茶道教学、茶文化节庆等元素，吸引了更多游客。

（三）成熟阶段（21世纪10年代至今）

茶文化旅游已经成为中国旅游业的重要组成部分，许多茶区成为国内外游客的热门目的地。茶文化旅游的开发更加注重可持续性和社区参与，强调保护茶文化遗产，促进当地经济发展。我国出现了一批高端的茶文化旅游项目，如定制茶旅线路、高端茶文化体验中心等，满足了不同层次的市场需求。茶文化旅游的国际影响力也在提升，吸引了越来越多的外国游客，成为中华文化“走出去”的重要载体。

▶ 拓展阅读

茶文化旅游带来的精神收获

任务二　当代茶文化旅游的发展模式与典型案例

一、美丽乡村模式

（一）美丽乡村模式定义

美丽乡村模式，是以乡村为载体，以茶文化为核心，通过整合乡村自然、人文资源，打造具有地方特色的茶文化旅游产品，实现乡村经济、文化、生态的全面发展。

（二）美丽乡村模式的特点

1. 依托自然乡村

保持乡村的原始风貌和生态环境，展现茶与自然的和谐共生。

2. 茶产业为主导

茶产业是乡村经济的支柱产业，茶文化成为乡村文化的核心。

3. 多元化旅游产品

结合乡村特色，开发茶俗体验、茶艺表演、茶田观光等多元化旅游产品。

4. 村民参与度高

村民是茶文化旅游的重要参与者，通过参与旅游服务实现增收致富。

（三）美丽乡村模式的构建与发展

1. 深入挖掘茶文化内涵

加强对茶文化的研究和挖掘，提炼出具有地方特色的茶文化元素，为茶文化旅游的发展提供有力支撑。

2. 创新旅游产品

结合乡村特色和市场需求，开发具有创意和吸引力的茶文化旅游产品，如茶主题民宿、茶主题餐厅、茶主题景区等。

3. 提升服务水平

加强对从业人员的培训和教育，提升他们的服务水平和专业素养，确保游客能够享受到优质的旅游服务。

4. 加强宣传推广

利用互联网、新媒体等渠道加强对茶文化旅游的宣传和推广，提高茶文化旅游的知名度和影响力。

5. 加强区域合作

与周边地区加强合作，共同打造茶文化旅游品牌，实现资源共享和互利共赢。通过区域合作，可以形成茶文化旅游的规模效应和集群效应，提高整个区域的旅游竞争力。

（四）美丽乡村模式的典型案例

案例一：杭州梅家坞茶文化村

梅家坞位于杭州西湖风景名胜区西部，是西湖龙井茶的主产地之一，拥有悠久的茶文化历史。

发展模式：依托自然茶村，打造以茶文化为主题的乡村旅游产品。开展采茶、制茶、品茶等茶俗体验活动，同时发展茶香生态民宿等度假产品。

图 8.2　浙江杭州梅家坞茶文化村

案例二：武夷山茶文化村

武夷山是世界乌龙茶的发源地，拥有独特的岩茶文化和茶马古道历史。

发展模式：结合武夷山的自然风光和茶文化，打造以茶文化研学、观光旅游为中心的乡村旅游产品。开展茶文化研学实践教育、茶艺表演、茶山观光等活动，同时注重茶文化的传承和弘扬。武夷山茶文化村吸引了大量游客前来参观学习，成为推动当地乡村旅游发展的重要力量。

图 8.3 福建南平武夷山玉女峰

二、茶庄园模式

（一）茶庄园模式的定义

茶庄园模式是指将茶园、茶文化、旅游休闲等要素相结合，形成一个集茶叶种植、加工、销售、文化体验、休闲度假等多功能于一体的旅游发展模式。

（二）茶庄园模式的特点

1. 综合性强

茶庄园模式不仅包含茶园本身的经营，还融合了文化、旅游、休闲等多种元素。

2. 体验性强

游客可以在茶庄园中亲自体验采茶、制茶等过程，深入了解茶文化。

3. 可持续性

茶庄园模式注重生态保护，追求经济、社会、生态效益的协调发展。

（三）茶庄园模式的构建

1. 茶庄园选址与规划

探讨茶园选址的原则和规划要点，包括地理位置、气候条件、土壤环境等因素对茶园品质的影响。

2. 茶庄园建设与管理

介绍茶园的基础设施建设、茶树种植技术、茶园管理等关键环节，强调生态环保和可持续发展的理念。

（四）茶庄园模式的旅游产品开发

1. 茶庄文化体验项目

设计以茶文化为主题的体验项目，如采茶体验、制茶工艺体验、茶艺表演等，让游客亲身感受茶文化的魅力。

2. 茶庄园观光产品

开发茶庄园观光产品，如茶园徒步、茶园骑行、茶园摄影等，让游客欣赏茶庄园美景，感受大自然的魅力。

3. 茶庄园度假产品

打造茶庄园度假产品，如茶庄园度假酒店、茶庄园民宿等，为游客提供舒适的住宿环境和丰富的茶文化体验。

（五）茶庄园模式的营销策略

1. 品牌建设

树立茶庄园模式的品牌形象，强调其独特的茶文化体验和生态环保理念。

2. 市场定位

明确茶庄园模式的市场定位，针对目标客群制定营销策略。

3. 宣传推广

运用多种宣传渠道和手段，如网络平台、社交媒体、旅游展会等，推广茶庄园模式的茶文化旅游产品和服务。

（六）茶庄园模式的可持续发展

1. 生态保护

强调茶庄园模式在生态保护方面的作用，如保持生态平衡、促进生物多样性等。

2. 社区参与

鼓励当地社区参与茶庄园模式的建设和管理，提高社区居民的生活水平和幸福感。

3. 文化传承

通过茶庄园模式推动茶文化的传承和发展，让更多人了解和喜爱茶文化。

（七）茶庄园模式的典型案例

案例一：云南柏联普洱茶庄园

云南柏联普洱茶庄园位于澜沧之滨的惠民小镇附近，是柏联集团打造的集普洱茶种植、生产、营销、文化、旅游、科研为一体的产业模式。

1. 产业规模与特色

庄园拥有1.1万亩自有茶园基地和景迈山2.8万亩合作古茶园基地，其中自有茶园通过欧盟认证的疏林有机茶园。庄园不仅提供茶叶种植，还引进了专利产品以保证在制茶方面拥有最先进和完备的工艺。

2. 旅游与文化融合

庄园依托茶园生态开发高端度假养生产品，如茶园度假酒店、茶香SPA等，为游客提供丰富的旅游体验。结合所在地的茶文化，庄园建设了茶道展示、茶文化博览等产品，创意性地融入了中国传统文化精髓的茶道表演艺术。庄园内还配套了一个古色古香的老茶博物馆，陈列着宋聘号、陈云号、敬昌号等百年老字号产品。

3. 旅游活动与产品

游客可以参与采茶、制茶等体验活动，了解普洱茶的种植和制作过程。庄园还提供了茶道体验、茶艺表演等活动，让游客更深入地了解普洱茶的文化底蕴。游客可以在庄园内品尝到正宗的普洱茶，并购买具有庄园品牌特色的茶叶产品。

4. 生态与可持续发展

庄园在项目建设上秉承极致生态的理念，运用生态木屋、帐篷酒店、自然绿道等产品，保护自然环境。庄园还致力于茶文化的传承与保护，通过茶博物馆、茶道表演等形式展示普洱茶的历史和文化。

案例二：安溪华祥苑茶庄园

位于福建安溪县龙涓乡珠塔村的安溪华祥苑茶庄园，是华祥苑在茶学界泰斗张天福先生的指导下建成的，是华祥苑的第一座茶庄园，也是安溪的第一座铁观音茶庄园。茶庄园建成于2006年，是集茶叶种植、加工、观光、休闲于一身的综合性茶文化基地，以其优美的生态环境、丰富的文化底蕴和精湛的制茶工艺，成为了茶庄园中的佼佼者。在这里，你可以亲身感受茶叶生长的每一个环节，品味纯正的茶香，体验茶文化的深厚底蕴。茶庄园内设置种茶体验区、采茶体验区、制茶体验区、品茗室、茶文化馆、茶艺表演区、农产品交易区、观光木屋、特色农家菜餐饮区及停车场等功能性区域。茶庄园开发的观看日出、茶园登山、骑行、茶艺比拼、休闲烧烤、自助K歌、轻松舞会等一系列休闲娱乐项目，成为特色鲜明的茶旅融合专项产品。

三、茶文化模式

（一）茶文化模式的定义

茶文化模式是一种集中展示和体验茶文化为核心的开发模式，它通过多种静态和动态的方式，展现地方茶文化的独特魅力和深刻内涵。

（二）茶文化模式的特点

1. 综合性

融合了茶文化展示、体验、教育、休闲等多种功能。

2. 体验性

提供丰富的茶文化体验项目，如茶艺表演、茶道体验等。

3. 传承性

强调茶文化的传承与发展，通过旅游活动推广茶文化。

（三）茶文化模式的构建

1. 文化展示

建设茶文化博物馆、茶史馆等，展示茶文化的历史、发展和影响。通过雕塑、壁画、多媒体展示等形式，生动呈现茶文化的各个方面。

2. 体验项目

开设茶艺表演，展示茶艺师的精湛技艺和茶艺之美。提供茶道体验课程，让游客亲自参与泡茶、品茶的过程，感受茶文化的魅力。设计茶文化主题旅游线路，将茶园、茶厂、茶文化景点等串联起来，形成完整的茶文化体验之旅。

3. 互动参与

举办茶文化节、茶会等活动，吸引游客参与，增加互动性和趣味性。鼓励游客参与茶文化创作，如茶诗、茶画等，增进游客对茶文化的理解和喜爱。

（四）茶文化模式的拓展与创新

1. 数字化展示

利用虚拟现实（VR）、增强现实（AR）等现代技术手段，为游客提供沉浸式的茶文化体验。开发茶文化主题的手机应用程序或在线平台，方便游客随时随地了解和学习茶文化。

2. 跨界合作

与其他文化领域或产业进行合作，如茶文化与旅游、茶文化与餐饮、茶文化与艺术等，拓展茶文化的应用领域和影响力。

3. 国际化推广

通过国际茶文化节、茶文化论坛等活动，推广中国茶文化，增强中国茶文化的国际影响力。

（五）茶文化模式的可持续发展

1. 生态保护

在茶文化模式的构建和运营过程中，注重生态保护和环境治理，确保茶文化的可持续发展。

2. 社区参与

鼓励当地社区参与茶文化模式的构建和运营，提高社区居民的参与度和获得感。

3. 教育普及

通过学校、社区等渠道，普及茶文化知识和茶艺技能，提高公众对茶文化的认识和兴趣。

（六）茶文化模式的典型案例

中华武夷茶博园，位于武夷山九曲溪畔，通过历代名人的记叙、历史画面的再现、茶艺的互动表演等方式，让大家领略武夷茶的文化底蕴。

四、茶商贸城模式

（一）茶商贸模式的定义

茶商贸城模式是以茶叶交易为核心，融合茶文化体验、旅游观光等多功能于一体的综合性发展模式。它通过提供茶叶交易、展示、品鉴、文化体验等服务，吸引茶叶商、游客及茶文化爱好者等多元化客群，推动茶产业与旅游业的深度融合。

（二）茶商贸模式的特点

1. 交易集中

茶商贸城作为茶叶交易的重要平台，集中了大量的茶叶供应商、采购商和批发商，形成了规模化的茶叶交易市场。

2. 功能多样

除了茶叶交易，茶商贸城还提供茶叶展示、茶艺表演、茶文化讲座等多元化服务，满足游客的不同需求。

3. 文化体验

茶商贸城注重茶文化的传承和弘扬，通过茶艺表演、茶文化展览等形式，让游客在交易的同时也能深入体验茶文化的魅力。

4. 旅游观光

茶商贸城本身也是一个旅游景点，游客可以在这里参观茶园、茶厂、茶博物馆等，了解茶叶的种植、采摘、制作等过程，感受茶乡的风土人情。

（三）茶商贸城模式的构建和发展

1. 选址与规划

茶商贸城通常选址在茶叶主产区或交通便捷的地方，便于茶叶的运输和游客的到访。在规划上，要充分考虑功能分区、交通流线、景观营造等方面。

2. 设施建设

茶商贸城需要建设现代化的茶叶交易大厅、展示区、品鉴区等基础设施，以及配套的茶艺表演场所、茶室等文化体验设施。

3. 服务提升

茶商贸城需要提供高效、便捷的交易服务，如电子商务、物流配送等，同时也要注重游客的体验服务，如导览讲解、茶艺表演等。

茶商贸城模式作为茶文化旅游的重要发展形式，具有独特的魅力和优势。未来，随着人们对茶文化的不断追求和旅游业的持续发展，茶商贸城模式将会迎来更加广阔的发展空间。同时，也需要不断创新和完善，提高服务质量和管理水平，以更好地满足市场和游客的需求。

（四）茶商贸城模式的典型案例

福建政和中国白茶城位于福建政和，是中国白茶的重要产地之一，具有悠久的茶文化历史和丰富的茶产业资源。

1. 茶产业与商贸的紧密结合

中国白茶城不仅是一个茶叶交易的市场，更是一个集茶叶种植、加工、销售、茶文化展示和旅游观光于一体的综合性平台。茶城内设有多个茶叶交易区，吸引了众多茶商和消费者前来交易和品鉴。

2. 茶文化展示与传播

茶城内设有茶文化博物馆、茶艺表演区等，通过静态展示和动态表演的形式，向游客展示政和白茶的历史、制作工艺和文化内涵。游客可以在这里了解白茶的种植、采摘、制作等全过程，感受茶文化的魅力。

3. 茶旅游产品的开发

茶城结合当地茶文化特色，开发了一系列茶旅游产品，如白茶体验之旅、茶文化研学游等。这些旅游产品不仅丰富了游客的旅游体验，也进一步推动了茶产业的发展。

茶商贸城模式是通过茶产业与商贸的紧密结合、茶文化的展示与传播以及茶旅游产品的开发，成功地将茶文化、茶产业和旅游业融为一体，为游客提供了独特的旅游体验和文化享受，同时也推动了当地茶产业的发展和壮大。

五、茶经济区模式

（一）茶经济区模式的定义

茶经济区模式是以茶叶种植、加工、销售等经济活动为核心，通过茶文化旅游产业的深度融合，形成的具有明显地理标志和独特文化特色的经济发展区域。这种模式旨在通过茶产业的发展带动地方经济的繁荣，同时推广和弘扬茶文化。

（二）茶经济区模式的特点

1. 产业聚集

茶经济区通常聚集了大量的茶叶种植基地、加工企业和销售商，形成完整的茶产业链。

2. 文化特色

茶经济区不仅关注茶叶的经济价值，更重视茶文化的传承和弘扬，通过茶文化旅游活动展示茶文化的独特魅力。

3. 经济效益

茶经济区的建立和发展为当地带来了显著的经济效益，提高了农民的收入水平，促进了地方经济的繁荣。

（三）茶经济区模式的构建与发展

1. 产业规划与布局

根据当地的自然条件和资源优势，合理规划茶叶种植基地、加工企业和销售网络的布局。加强茶产业链的整合，提高茶叶的品质和附加值。

2. 茶文化旅游开发

建设茶文化景区，包括茶园观光区、茶文化博物馆、茶艺表演中心等，为游客提供丰富的茶文化旅游资源。举办茶文化节庆活动，如茶叶博览会、茶艺表演等，吸引游客参与和体验。开发茶文化体验项目，如采茶体验、制茶体验等，让游客亲身感受茶文化的魅力。

3. 政策支持与引导

政府应出台相关政策，支持茶经济区的建设和发展，提供资金支持和税收优惠等措施。加强茶产业的科研和技术创新，提高茶叶的品质和加工技术水平。加强茶产业的品牌建设，提高茶叶的知名度和市场竞争力。

茶经济区模式通过茶产业与旅游产业的深度融合，不仅为当地带来了显著的经济效益和社会效益，还促进了茶文化的传承和弘扬。未来，随着旅游业的不断发展和人们对茶文化的关注度不断提高，茶经济区模式将会迎来更加广阔的发展空间和机遇。同时，也需要进一步加强茶产业的科研和技术创新，提高茶叶的品质和附加值；加强茶产业的品牌建设和市场营销，提高茶叶的市场竞争力和知名度；加强茶产业与旅游产业的深度融合，推动茶文化旅游产业的持续健康发展。

（四）茶经济区模式的典型案例

福建安溪铁观音茶产业区位于福建省安溪，安溪是中国乌龙茶之乡，有着悠久的茶文化历史。安溪铁观音茶更是享誉海内外，以其独特的品质和制作工艺成为茶界的佼佼者。

发展模式：福建安溪铁观音茶产业区依托得天独厚的自然条件和丰富的茶文化资源，大力发展茶文化旅游产业。通过建设茶园观光区、茶文化博物馆等景点，举办茶叶博览会、茶艺表演等活动，吸引了大量游客前来参观体验。同时，该地区还加强茶产业的品牌建设和市场营销，成功打造了一批具有地方特色的茶叶品牌，提高了茶叶的市场竞争力和附加值。

任务三　茶旅融合发展新趋势

从中国茶文化旅游的发展现状看，这种新型的旅游方式受到了广大旅游者的青睐，有良好的发展态势和未来可持续发展的趋势，可以从生态、健康、科学、教育等方面对茶文化旅游进行更深层次的开发，茶文化旅游开发的趋势和未来可开发模式有以下类型。

一、茶文化 + 节庆旅游的主题附会型

随着节庆旅游的兴起与发展，全国各个产茶的省份、地区可以以茶为主要媒介，定期举办茶叶节、茶文化节、茶文化旅游节、茶文化博览会等。

如上海以“尊享生活，品味香茗”为主题的茶文化旅游节，云南以“健康云茶，世界共享”为主题的茶文化博览会，河南信阳以“弘扬中华茶文化，发展河南茶产业，促进中国茶流通”为主题的国际茶文化节。

二、茶文化 + 体验旅游的文化体验型

目前茶文化体验旅游多停留在茶青的采摘，品饮等初级和较为肤浅的层次。游客们不仅喜欢采茶、喝茶、买茶，更喜欢制茶、泡茶、鉴赏茶。各地区可以根据实际情况，把萎凋、发酵、揉捻、烘焙等制茶过程融入旅游项目中，不仅游客可以自己动手做，而且有专业人士操作示范、亲自指导，有兴趣的游客可以把自己制出来的茶与专业人士所制的茶做比较，找出差距与原因，并可以把茶叶带回家。

如海南省五指山“水满乡雨林茶园特色产业小镇”，围绕资源禀赋，打造一批茶博物馆、茶加工体验区、茶文化休闲区、茶产品展销区等综合体，借助“茶文化 + 旅游”的融合发展，让茶文化与旅游资源形成良性互动，茶乡旅游正成为满足不同层面、不同类别消费人群的旅游新业态。

图 8.4 海南五指山水满乡茶园

茶艺是指泡茶的技艺与品茶的艺术，也就是冲泡、品茶过程。实际操作过程中完全可以使旅客融入冲泡品饮的各个环节；另外茶在中国很多少数民族都形成了独特的饮茶习俗，如藏族的酥油茶、白族的三道茶、土家族的擂茶、佤族的烤茶等，无论是制作的工艺、品饮的方式、深刻的寓意、独特的口感等方面，都能引起游客兴趣、激发参与热情，在茶文化旅游过程中，提高游客们体验的广度与深度。

三、茶文化 + 保健旅游的保健型

茶不仅是商品，更是健康品、保健品。茶被认为是 21 世纪最健康的饮料，其营养价值、保健作用被越来越多的人认可与接受。茶中含有 30 多种酚类物质、生物碱、茶多糖等保健成分，具有降脂减肥、延缓衰老、预防心血管疾病、减少重金属的毒

害等保健功能，茶中还含有丰富的氨基酸、维生素、无机盐等营养成分。在健康越来越成为奢侈品的今天，在发展茶文化旅游时，可以在茶的保健价值方面下功夫，结合区域旅游资源，开设茶浴、茶膳、茶吧、茶馆等。

如普洱市“世界茶源·养生养心”之旅，集工业旅游观光、文化、体育、康养，自然生态景观、生物资源、茶山景观、普洱茶文化、普洱民族文化、民族风情、马帮文化和制茶品茶，品普洱茶珍、野地露营、茶田休闲、医药养生、生物多样性于一体。重走茶马古道体验茶文化生物多样性保护与旅游观光，围绕与自然环境的高度融合、人与野生动物的和谐共生、当地文化的传承，打造一体式森林旅游康养线路。

图 8.5　云南普洱景迈山翁基布朗族古寨

四、茶文化 + 求知旅游的求学型

茶文化是中国传统文化的一颗璀璨的明珠，茶诗歌、茶书画、茶散文、茶专著、茶音乐、名人与茶、文人与茶、茶习俗、中外茶文化之不同等内容丰富，游客们通过茶文化旅游也迫切希望了解、学习更全面、系统的茶文化知识。可以举办茶诗会，吟茶诗、书茶画、读茶书、听茶乐，还可以请有关的专家、学者就中国茶文化的发展史、现状、趋势及中外茶文化的差异作报告，扩展游客们的视野，提高对茶文化的认识。

本章小结

茶文化旅游的发展不仅推动了地方经济的发展，也为传统茶文化的传承和创新提供了新的动力，同时促进了文化交流和国际理解，对于提升中国文化软实力具有重要意义。未来，随着技术的进步和消费者需求的变化，茶文化旅游有望继续深化发展，实现更加个性化和多元化的服务体验。

实训任务

实践题目：体验茶旅活动

实践目的：

1. 了解茶叶生长环境
2. 体验茶制作过程
3. 感受茶旅活动带来的附加效应

实践方法：

1. 参观茶园
2. 学习制作茶叶
3. 品尝茶叶

思考与练习

一、选择题

1. 在茶文化旅游中，哪一项不是游客主要的互动体验方式（　　）。

A. 参观茶园　　B. 学习茶艺

C. 品尝名茶　　D. 购买纪念品

2. 茶文化旅游的核心吸引物是（　　）。

A. 茶园风光　　B. 茶的制作工艺　　C. 茶文化内涵　　D. 茶的品尝体验

3. 以下哪项不是茶文化旅游的特点（　　）。

A. 融合了乡村旅游、生态旅游、文化旅游等多种旅游形式

B. 主要以销售茶叶为主

C. 可以体验茶艺观赏和茶俗

D. 有助于了解和学习茶文化

4. 关于茶文化旅游的发展模式，以下哪项描述是错误的（　　）。

A. 可以利用茶园优美的自然环境开展生态旅游

B. 茶文化旅游不能结合宗教文化

C. 可以通过茶艺表演吸引游客

D. 可以整合茶叶加工开展工业旅游

二、判断题

1. 茶文化旅游只适合在春季开展。( )
2. 茶文化旅游可以促进乡村振兴。( )
3. 茶文化旅游只涉及茶叶的销售和品尝。( )
4. 茶文化旅游可以推动地方经济的发展。( )
5. 茶文化旅游的发展模式只能依靠茶园生态环境。( )

三、思考题

1. 简述茶文化旅游的概念。

2. 简述茶文化旅游发展的三个阶段。

3. 茶文化旅游对当地有哪些积极影响?

茶文化旅游发展趋势

参考答案

附录

▸ 附录一 课证融通

——《国家职业技能标准——茶艺师》（2018 版）

▸ 附录二 课赛融通

——中国茶叶学会团体标准——茶艺职业竞赛技术规程

参考文献

[1] 李洁 . 品读中国茶文化 [M]. 北京：中国铁道出版社，2017 年 .

[2] 徐晓村 . 茶文化学 [M]. 北京：首都经济贸易出版社，2014 年 .

[3] 郑国建 . 中国茶事 [M]. 北京：中国轻工业出版社，2019.

[4] 张凌云 . 中华茶文化 [M]. 北京：中国轻工业出版社，2019.

[5] 索扬 . 健康茶饮 400 问 [M]. 北京：中国农业出版社，2016.

[6] 郑春英 . 茶艺概论（第三版）[M]. 北京：高等教育出版社，2021.

[7] 朱海燕 . 中国茶道 [M]. 北京：高等教育出版社，2015.

[8] 康保苓 . 茶文化 [M]. 北京 . 中国人民大学出版社，2022.

[9] 潘素华，李柏莹 . 茶艺与茶文化 [M]. 北京：旅游教育出版社，2023 .

[10] 王川，陈艺瑞，郭学成 . "中国藏茶" 的饮茶礼仪及饮茶程序简论 [J]. 地方文化研究辑刊，2020(01):216-222.

[11] 尤文宪 . 茶文化十二讲 [M]. 北京：当代世界出版社，2018.

[12] 王玲 . 中国茶文化 [M]. 北京：九州出版社，2009 年 .

[13] 程启坤，姚国坤 . 唯茶是道 [M]. 上海：上海文化出版社，2013.

[14] 陈君慧 . 中国茶道 [M]. 哈尔滨：黑龙江科学技术出版社，2012.

[15] 陈文华 . 中国茶文化 [M]. 北京：中国农业出版社，2009.

[16] 初晓恒，刘纪龙，朱建国 . 茶艺 [M]. 杭州：浙江大学出版社，2022.

[17] 杨文，李捷 . 中国茶艺基础教程 [M]. 北京：旅游教育出版社，2013.

[18] 俞刚 . 茶叶绿色生产与加工技术 [M]. 成都：电子科技大学出版社，2022.

[19] 陈宗懋，杨亚军 . 中国茶经 [M]. 上海：上海文化出版社，2016.

[20] 周智修，江用文 . 茶艺培训教材 I [M]. 北京：中国农业出版社，2021.

[21] 国家标准 GB/T30766—2014《茶叶分类》.

[22] 中国非物质文化遗产保护中心、陕西省茶文化研究会公众号 .

[23] 江用文，童启庆 . 茶艺师培训教材 [M]. 北京：金盾出版社，2008.

[24] 吴小伟，李德楠 . 茶文化与茶艺 [M]. 南京：南京大学出版社，2024.

[25] SB/T 11072—2013《茶馆等级划分与评定》.

[26] 吴澎，黄晓琴，周涛 . 茶文化概论 [M]. 北京：化学工业出版社，2023.

[27] 杨文，李捷 . 中国茶艺基础教程 [M]. 北京：旅游教育出版社，2013.

[28] 陈小平 . 茶艺服务技术 [M]. 成都：西南交通大学出版社，2016.

[29] 贾红文，赵艳红 . 茶文化概论与茶艺实训 [M]. 北京：清华大学出版社，2014.

[30] 罗军 . 中国茶密码 [M]. 北京：生活 · 读书 · 新知三联书店，2016.

[31] 康银平 . 乡村振兴背景下茶文化旅游发展路径 [J]. 旅游 · 文创，2024（02）：59-61.

图书在版编目（CIP）数据

茶文化 / 林文超，冉祥云，吉家文主编. -- 北京 : 旅游教育出版社， 2025. 9. -- （茶艺与茶文化专业系列教材）. -- ISBN 978-7-5637-4875-4

Ⅰ. TS971. 21

中国国家版本馆 CIP 数据核字第 2025YF4525 号

茶艺与茶文化专业系列教材

茶文化

林文超　冉祥云　吉家文　主编

赖　刚　孙　斌　周薇平　蔡　杰　索　扬　苏　颖　副主编

总 策 划	丁海秀
执行策划	赖春梅
责任编辑	赖春梅
出版单位	旅游教育出版社
地　　址	北京市朝阳区定福庄南里 1 号
邮　　编	100024
发行电话	（010）65778403　65728372　65767462（传真）
本社网址	www.tepcb.com
E - mail	tepfx@163.com
排版单位	北京知壹文化传播有限公司
印刷单位	天津雅泽印刷有限公司
经销单位	新华书店
开　　本	710毫米×1000毫米　1/16
印　　张	15.5
字　　数	257 千字
版　　次	2025 年 9 月第 1 版
印　　次	2025 年 9 月第 1 次印刷
定　　价	66.00 元

（图书如有装订差错请与发行部联系）